清华大学出版社
北京

内容简介

理解编程，探寻算法本质；理解儿童，尊重真实体验。本书选取适合小学生认知水平、挑战性适当、有一定广度和深度的问题，通过学习与训练，能有效地促进小学生全面、细致地思考问题，提高编程的准确性，增强程序查错、调试能力，为进一步学习算法或运用编程解决实际问题打下坚实的基础，让思维在问题链中深入浅出，让学习自然而然地发生。

本书是《小学生 C++ 趣味编程》的进阶教材，适合参加小学信息学编程复赛、编程水平上机展示活动、"蓝桥"杯编程大赛等比赛的读者学习，也可作为参加 CSP-J（入门级）比赛的入门教材。

图书在版编目（CIP）数据

小学生 C++ 趣味编程训练营 / 潘洪波编著．— 北京：清华大学出版社，2021.10 (2023.5重印)
ISBN 978-7-302-58714-9

Ⅰ．①小…　Ⅱ．①潘…　Ⅲ．① C 语言 – 程序设计 – 少儿读物　Ⅳ．① TP312.8-49

中国版本图书馆 CIP 数据核字（2021）第 141320 号

责任编辑：赵轶华
封面设计：潘雨萱
责任校对：刘　静
责任印制：宋　林

出版发行：清华大学出版社
网　　址：http: //www.tup.com.cn，http: //www.wqbook.com
地　　址：北京清华大学学研大厦A座　　**邮　　编：**100084
社 总 机：010- 83470000　　**邮　　购：**010-62786544
投稿与读者服务：010-62776969, c-service@tup.tsinghua.edu.cn
质量反馈：010-62772015, zhiliang@tup.tsinghua.edu.cn
印 装 者：三河市君旺印务有限公司
经　　销：全国新华书店
开　　本：185mm × 260mm　　**印　张：**12　　**插　页：**1　　**字　　数：**195千字
版　　次：2021年10月第1版　　**印　　次：**2023年 5月第 5次印刷
定　　价：48.00元

产品编号：091208-01

序

如果把教育比喻成一场跑步，有的教师习惯站在终点对孩子进行评判，你跑得快，他跑得慢……如此这般。这样的教师是一个裁判、一个事务者，他将教育作为一种事务在执行。有的教师是从起点开始就站在孩子的边上，怀着一颗慈悲心，小心呵护，用心体谅，了解孩子眼中的世界，看见孩子的“能”和“不能”，想方设法地让孩子的“能”不断地壮大、“不能”不断地衰减。

真心希望学校里的每一位教师都能一直站在孩子身边，不断陪着他，因其苦而苦，因其乐而乐，直到终点。潘洪波老师从事编程教育二十余年，秉持着“从起点开始陪着孩子一起跑”的朴素想法，在实践中不断反思，在反思中不断改进，探索适合小孩子的“程序与算法”的教法与学法。2017 年，《小学生 C++ 趣味编程》一书出版，受到了国内众多师生的喜爱。又经过四年的陪伴，潘洪波老师汇聚与孩子们一起成长的点点滴滴，成此新作《小学生 C++ 趣味编程训练营》。

希望此书的出版能够帮助更多的孩子学会用计算机程序解决问题，促进其“能”不断壮大。如此，便是一件有意义的事。

首届教育部基础教育数学教学指导专业委员会副主任
北京师范大学教育家书院兼职研究员
浙江省小学数学特级教师
俞正强
2021 年 5 月

配套教学资源下载

前言

小学生怎样学习编程会更加科学、更加有效？这是我一直在思考的问题。我想，或许我们可以借鉴、参照小学生学习数学的方法。

在小学低年级阶段，学习 5 以内加减法时，一天一个课时，要学一个月。在小学高年级阶段，学习圆的认识及周长与面积计算时，一天一个课时，也要学三个星期。“慢节奏”是小学生学习的一个特点。因此，小学生在学习编程时，也要“慢”。老师、家长要树立正确的观念——小学生学习编程是一个长期的过程，不能速成，不可急躁。只有“慢”下来，才能给小学生更多的时间去体验、去经历、去理解一个个知识点的形成过程。学习，因为理解而亲切，现在的“慢”是为了以后的“快”。

又如，小学生学习“数”时一般是这样安排的：为了解决“数数”这个实际问题，先学习一位整数，然后，为了解决其他实际问题，再学习两位整数以及小数、分数……而不是一开始就学习“有理数分为整数、分数”这样概念化、抽象的知识。基于“问题解决”（不是基于知识）也是小学生学习的一个特点。因此，小学生在学习编程时，也要基于“问题解决”。从适当的问题出发，通过创设具有吸引力、趣味性的情境，在解决问题的实践中引出新知识，适可而止，不求概念化，逐步系统化。同时，要用合适的方法求解，程序中采用的算法不一定是最好的、最优的，但一定要是基于小学生认知水平的、可理解的、可行的算法。

基于以上认识，针对小学生信息学奥赛复赛编写了本书，是对《小学生 C++ 趣味编程》一书的补充和深入。本书编排了 13 课内容、21 天的模拟训练以及 4 套模拟卷，以每天一课或每天一练的形式呈现，体现了“慢节奏”和“基于问题求解”的理念。

本书想搭建一座“桥”，一座让孩子走进编程的“桥”。通过“填一填”“说一说”“编一编”“评一评”等环节，让孩子学会转换，把实际问题转换成可以用计算机解决的算法问题，把算法问题转换成编程语言问题，使孩子能用一个个语句实现自己的想法，进而慢慢掌握解决问题的一般方法。

本书编写的目的是让孩子养成一个“好习惯”——每天学习编程。这个世界上最珍贵的东西是坚持，坚持学习，坚持编程，每天花十分钟做一道题，点点滴滴，日积月累，由量变到质变，终有一天孩子们会变得非常优秀、非常强大。

本书想给孩子一颗“心”，一颗充满自信的“我能行”的心。本书选取的都是适合小学生的、容易理解的、有一定广度和深度的问题，挑战性适当，经过努力就可以解决，让孩子体验到“跳一跳就可以摘到桃子”的乐趣。

我们相信，通过本书的学习与训练，能有效地帮助小学生全面、细致地思考问题，提高编程的准确性，增强程序查错、调试能力，为进一步学习算法或运用编程解决实际问题打下坚实的基础。

最后，感谢浙江师范大学熊继平、金华市婺城区教研室郑理新、金华市第五中学陈洪棋、金华市青春中学陈旭平、金华市职业技术学院刘日仙、金华市东苑小学黄菁等老师，感谢他们为本书提出了许多真诚而有益的建议。

由于时间和水平有限，书中难免存在不妥或错误之处，欢迎批评、指正，更希望读者对本书提出建设性意见，以便修订再版时改进。

潘洪波

2021 年 6 月

人物介绍

狐狸老师

风之巅小学的信息老师，幽默，充满智慧，上课生动有趣，深受孩子们喜爱。通精 Python、Pascal、C、C++、Java、C#、Scratch、汇编语言等多种计算机语言，擅长枚举、回溯、递归、分治、搜索、动态规划等多种算法。

兔子尼克

风之巅小学五年级学生，阳光少年，爱动脑筋，特别擅长枚举算法。

泰迪狗格莱尔

风之巅小学六年级学生，可爱的美少女，乐于助人，特别擅长递归算法。

目录

第1单元 准备篇

一个算法花费的时间与算法中某些“时间固定的基本操作”被执行的次数有关。这个“时间固定的基本操作”被执行的次数少，花费的时间就少；执行的次数多，花费的时间就多。在信息学竞赛或程序设计水平展示活动中，对算法的时间要求一般为 1 秒，1 秒能执行某个“时间固定的基本操作”的次数大概是 10^7~10^8。

第 1 课　我爱编程

观世事万物，皆有算法。
问心有何属？唯有编程。

尼克是一位编程爱好者，每周都要到“我爱编程”训练中心学习编程。已知他学习开始时间和学习时间，请你帮他算一算学习结束时间。

【输入格式】

共两行。

第一行，一个格式为“时 : 分”的时间，表示学习开始时间（$0\leqslant$ 时 <24，$0\leqslant$ 分 <60）。

第二行，一个整数，表示学习所用的分钟数（$0\leqslant$ 分 $<10^5$）。

【输出格式】

一行，一个格式为“时 : 分”的时间，表示学习结束时间，小时和分钟输出时均占两位宽度，不足两位时用 0 补齐。

【输入及输出样例】

输入样例	输出样例
08:30 40	09:10

输入和输出的时间格式均为“时 : 分”，小时与分钟之间有一个冒号（如 08:30），使用 cin 和 cout 语句输入或输出时间（时 : 分）这种指定格式的数据不太方便，而使用格式化输入函数 scanf 和格式化输出函数 printf 就很方便。

```
#include <bits/stdc++.h>                    //万能头文件
using namespace std;                        //本程序不需要此语句，可以省略
```

```
int main()
{
    int h1, m1, h2, m2, n;
    scanf("%d:%d%d", &h1, &m1, &n);
    h2 = h1 + (m1 + n) / 60;
    m2 = (m1 + n) % 60;
    if(h2 >= 24)
        h2 = h2 % 24;
    printf("%02d:%02d\n", h2, m2);    // 转义符 \n，表示换行
    return 0;
}
```

其思路是先用格式化输入函数 scanf 输入开始时间和学习时间，自动过滤掉小时与分钟的分隔符——冒号，然后计算出结束时间，最后用格式化输出函数 printf 按“时：分”格式输出结束时间。

scanf 函数的使用方法如下。

```
scanf(" 格式控制字符串 ", 变量地址列表 );
```

变量地址的表示方法一般是在变量前加取地址运算符 &，涉及多个变量地址时，用逗号隔开，而格式控制字符串是按照变量的顺序、与变量的数据类型相匹配的控制符，如图 1.1 所示。

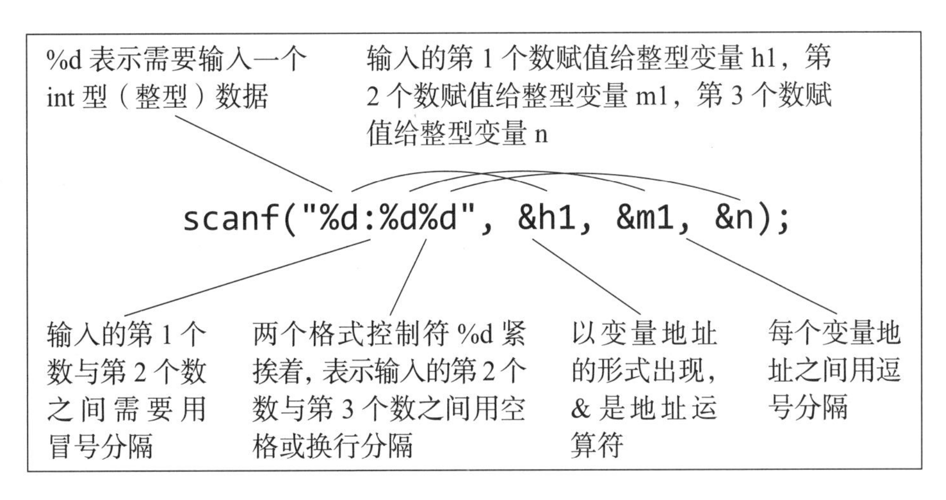

图　1.1

scanf 函数中常见数据类型的格式符及使用范例如表 1.1 所示。

表 1.1

数据类型	格式符	scanf 函数使用范例
int	%d	scanf("%d",&n);
long long	%lld	scanf("%lld",&ln);
float	%f	scanf("%f",&fn);
double	%lf	scanf("%lf",&dn);
char	%c	scanf("%c",&ch);
char 数组	%s	scanf("%s",str);

数组名称本身代表了这个数组第一个元素的地址，所以字符数组名前没有取地址运算符 &。%s 通过空格或换行来识别一个字符串的结束。

printf 函数的使用方法如下。

```
printf(" 格式控制字符串 ", 输出列表 );
```

格式控制字符串用于指定输出格式，如图 1.2 所示。

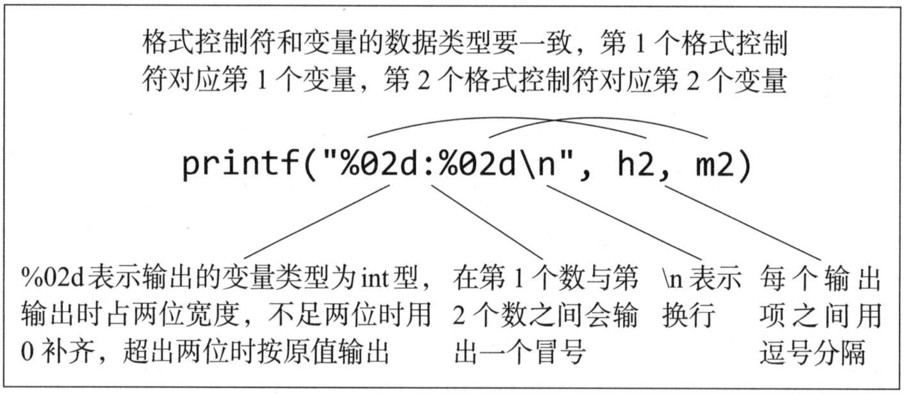

格式控制符和变量的数据类型要一致，第 1 个格式控制符对应第 1 个变量，第 2 个格式控制符对应第 2 个变量

```
printf("%02d:%02d\n", h2, m2)
```

%02d表示输出的变量类型为int型，输出时占两位宽度，不足两位时用0补齐，超出两位时按原值输出

在第 1 个数与第 2 个数之间会输出一个冒号

\n 表示换行

每个输出项之间用逗号分隔

图 1.2

printf 函数中常见数据类型的格式符及使用范例如表 1.2 所示。

表 1.2

数据类型	格式符	printf 函数使用范例
int	%d	printf("%d", n);
long long	%lld	printf("%lld", ln);
float	%f	printf("%f", fn);
double	%f	printf("%f", dn);
char	%c	printf("%c", ch);
char 数组	%s	printf("%s", str);

需要注意的是，string 字符串不能直接使用 scanf 函数输入或 printf 函数输出。

使用 print 函数输出时，如何控制场宽？如何保留小数位数？

printf 函数常用的输出格式有以下几种。

1. %md。%md 可以使 int 型数据按 m 位右对齐的方式输出。当 int 型数据不足 m 位时，高位用空格补齐；超过 m 位时，则保持原样。

2. %0md。%0md 的作用与 %md 类似，唯一的不同在于，当数据的值不足 m 位时，在前面用 0 补足。

3. %.mf。%.mf 可以让浮点数保留 m 位小数，这个“保留”使用的是精度的“四舍六入五成双”规则（具体细节不必掌握）。当题目中要求输出的浮点数要保留几位小数或精确到小数点后几位时，就可以用这个格式进行输出。

4. %m.nf。%m.nf 可以让浮点数按 m 位右对齐的方式输出，其中小数点占 1 位，小数部分占 n 位。当数据的整数部分不足 m−n−1 位时，则高位用空格补齐；当数据的整数部分超过 m−n−1 位时，则保持原样。

```
#include <bits/stdc++.h>
using namespace std;
int main()
{
    int n1 = 8, n2 = 9;
    double d1 = 3.1415926;
    printf("%2d:%2d\n", n1, n2);
    printf("%02d:%02d\n", n1, n2);
    printf("%.2f\n", d1);
    printf("%7.2f\n", d1); // 输出的数据占 7 位，其中小数部分占 2 位
    return 0;
}
```

输出：

```
  8: 9
08:09
3.14
  3.14
```

scanf 和 printf 函数使用起来比 cin 和 cout 语句要复杂一些，但 scanf 和 printf 函数比 cin 和 cout 语句执行速度更快。当输入或输出的数据很多时，如果使用 cin 或 cout 会很耗时，程序提交到在线测试平台或评测系统中，可能会出现输入或输出没结束就超时了的现象。所以，当输入或输出的数据很多时，建议使用 scanf 函数进行输入，使用 printf 函数进行输出。

为了能在程序中正常地使用 scanf 和 printf 函数，需要包含头文件 <cstdio>，即 #include <cstdio>，也可以使用万能头文件 #include <bits/stdc++.h>。

小提示

因为 #include<bits/stdc++.h> 包含了目前 C++ 所包含的所有头文件，故称为万能头文件。为了减少不必要的识记，建议以后都使用万能头文件。

英汉小词典

scanf [ˈskænef]　格式化输入
printf [ˈprintef]　格式化输出

? 动动脑

作业“健康码”

【问题描述】

为了鼓励同学们按时完成网上作业，狐狸老师设计了作业“健康码”，当天 19:30 前按时完成的“健康码”为“绿码”，19:30 至 20:30 完成的为“黄码”，20:30 以后完成的为“红码”。

【输入格式】

输入一个“时 : 分”格式的时间，输入的时间确保在当天 16:00 至 24:00。

【输出格式】

当健康码为“绿码”时，输出 Green。

当健康码为“黄码”时，输出 Yellow。

当健康码为“红码”时，输出 Red。

【输入及输出样例】

输入样例 1	输出样例 1
16:10	Green
输入样例 2	**输出样例 2**
20:10	Yellow
输入样例 3	**输出样例 3**
23:01	Red

第2课 纸上看人生
——初识二维数组

如果按照平均寿命75岁来计算，人生其实只有900个月，我们在纸上画一个30×30的表格，每个格子代表一个月，每过一个月就把一个格子涂上颜色，就可以一目了然地看出自己已经度过的岁月。尼克刚好12周岁，涂在表格中如图1.3所示。

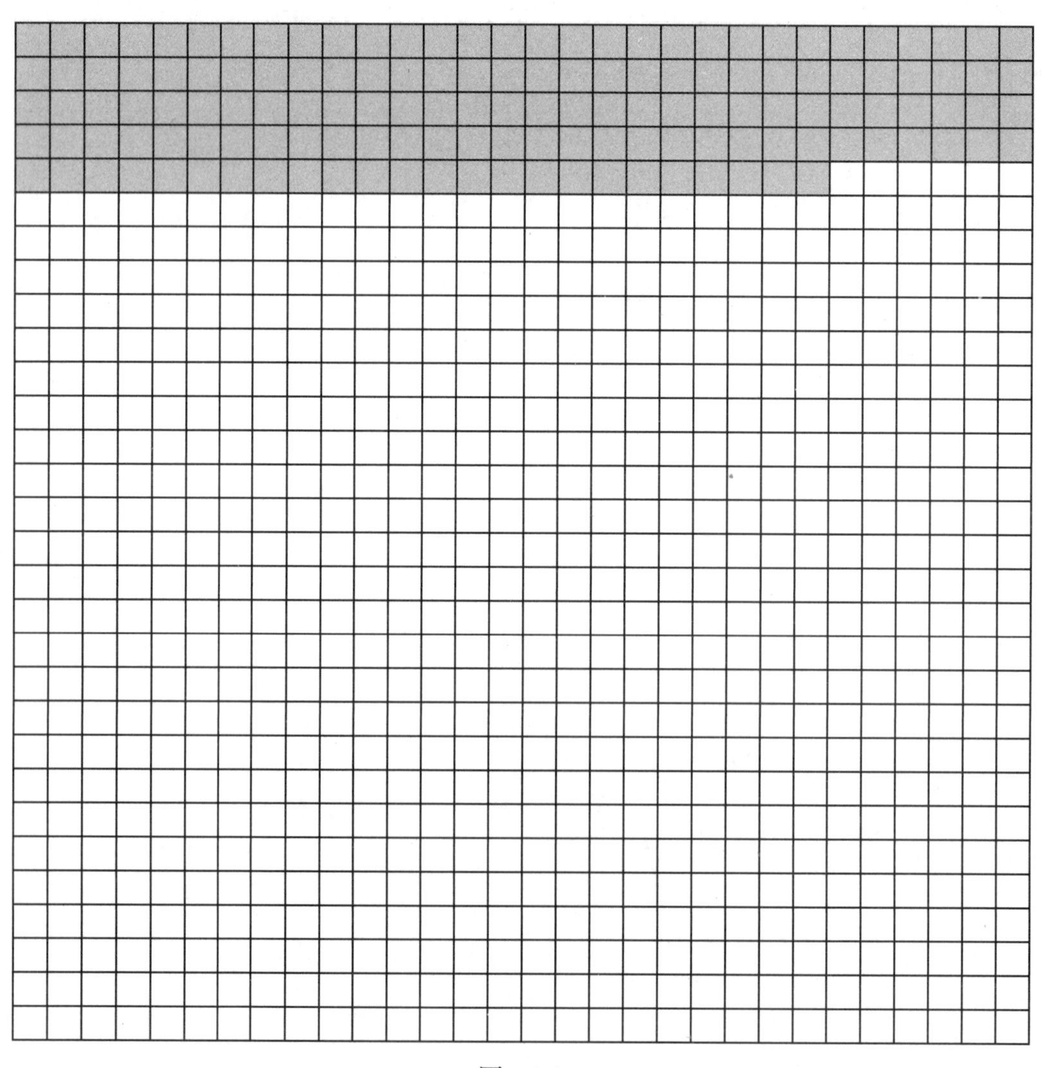

图 1.3

如果涂上颜色的单元格用 1 表示，未涂上颜色的单元格用 0 表示，那么应该如何存储这 30×30 个单元格中的信息？

是定义 900 个不同的变量来存储？或者定义 30 个每个长度为 30 的一维数组来存储？还是……

最好的办法是定义一个 30×30 的二维数组来存储所有单元格中的信息。

定义二维数组的一般格式如下。

```
类型标识符 数组名 [ 常量表达式 1][ 常量表达式 2]
```

图 1.3 中所有单元格的值只可能是 0 或 1，因此可以定义一个 bool 型的二维数组，例如：

```
bool a[30][30];
```

此时，定义 a 为 30×30（30 行 30 列）的二维数组。二维数组可以视为一种特殊的一维数组，该数组的元素又是一个数组。如二维数组 a[30][30] 中包含 a[0]~a[29] 共 30 个一维数组，数组 a[0] 又有 30 个元素，分别是 a[0][0]，a[0][1]，a[0][2]，…，a[0][29]。为了便于同学们理解二维数组 a，我们可以画一个二维表格，如图 1.4 所示。

	0	1	2	3	…	29
0	a[0][0]	a[0][1]	a[0][2]	a[0][3]	…	a[0][29]
1	a[1][0]	a[1][1]	a[1][2]	a[1][3]	…	a[1][29]
2	a[2][0]	a[2][1]	a[2][2]	a[2][3]	…	a[2][29]
⋮	…	…	…	…	…	…
29	a[29][0]	a[29][1]	a[29][2]	a[29][3]	…	a[29][29]

图　1.4

在程序中，可以通过双重循环对二维数组中的每一个元素进行赋值，也可以通过双重循环输出二维数组中的每一个元素。

```
#include <bits/stdc++.h>
using namespace std;
bool a[40][40];                    //数组定义得稍大一点
int main()
{
    int i, j, year, cnt = 0;
    scanf("%d", &year) ;
    for(i = 1; i <= 30; i++)
        for(j = 1; j <= 30; j++)
        {
            cnt++;
            if(cnt <= year * 12)
                a[i][j] = 1;      //true
            else
                a[i][j] = 0;      //false
        }
    for(i = 1; i <= 30; i++)
    {
        for(j = 1; j <= 30; j++)
            printf("%d", a[i][j]);
        printf("\n");
    }
    return 0;
}
```

对二维数组进行初始化时也可以使用“初始化列表”。例如：

```
int b[3][2] = {{0, 1} , {2, 3} , {4, 5}};      //分行初始化
```

或

```
int b[3][2] = {0, 1, 2, 3, 4, 5};         //不分行初始化
```

为了更加直观，我们可以画一个 3 行 2 列的二维表格，呈现数组的元素及赋值情况，如图 1.5 所示。

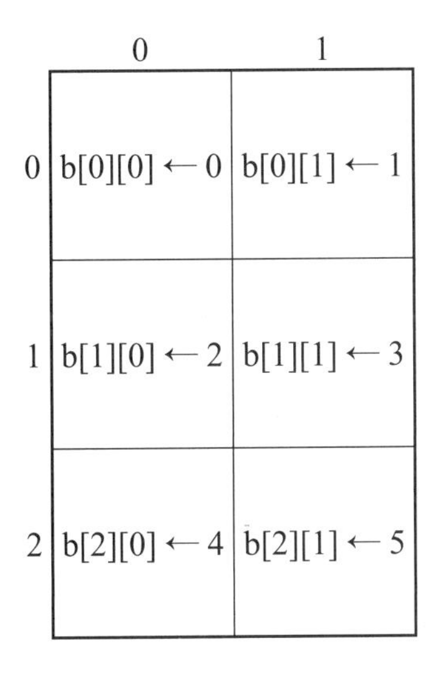

图 1.5

如果把一个二维数组视作一个二维表格，那么一个 r 行 c 列的数组就可以想象成一个 r 行 c 列的二维表格。

数组 a 第 i 行的各个元素如表 1.3 所示。

表 1.3

列数	0	1	2	…	j	…	c–1
第 i 行元素	a[i][0]	a[i][1]	a[i][2]	…	a[i][j]	…	a[i][c–1]

数组 a 第 j 列的各个元素如表 1.4 所示。

表 1.4

行　数	第 j 列元素
0	a[0][j]
1	a[1][j]
2	a[2][j]
…	…
i	a[i][j]
…	…
r–1	a[r–1][j]

? 动动脑

座　位　表

【问题描述】

迎着九月的朝阳，小动物们走进了学校，来到了风之巅小学，在这里他们学到了各种本领。这天，大家来到报告厅，用实际行动向老师和家长汇报一段时间以来的努力成果。为了让大家更方便地观看汇报活动，格莱尔按同学们的身高帮大家排了座位（每个位置上标注有学号），如图 1.6 所示。

			过	道		
过	1 排 1 座 6 号	1 排 2 座 18 号	1 排 3 座 7 号	1 排 4 座 10 号	1 排 5 座 5 号	1 排 6 座 9 号
道	2 排 1 座 13 号	2 排 2 座 2 号	2 排 3 座 16 号	2 排 4 座 17 号	2 排 5 座 14 号	2 排 6 座 8 号
	3 排 1 座 3 号	3 排 2 座 15 号	3 排 3 座 12 号	3 排 4 座 1 号	3 排 5 座 4 号	3 排 6 座 11 号

图 1.6

请你用二维数组保存这张座位表，并按下列格式输出。

```
     6    18     7    10     5     9
    13     2    16    17    14     8
     3    15    12     1     4    11
```

注意：输出每位同学的学号时占 6 个字符，不足 6 个字符时前补空格。

【填一填】

假设用数组 a 保存这张座位表，请你将图 1.7 中数组 a 各元素的下标填写完整。

a[0][0] 0	a[0][1] 0	a[0][2] 0	a[0][3] 0	a[0][4] 0	a[0][5] 0	a[0][6] 0
a[1][0] 0	a[ ][ ] 6	a[ ][ ] 18	a[ ][ ] 7	a[ ][ ] 10	a[ ][ ] 5	a[ ][ ] 9
a[2][0] 0	a[ ][ ] 13	a[ ][ ] 2	a[ ][ ] 16	a[ ][ ] 17	a[ ][ ] 14	a[ ][ ] 8
a[3][0] 0	a[ ][ ] 3	a[ ][ ] 15	a[ ][ ] 12	a[ ][ ] 1	a[ ][ ] 4	a[ ][ ] 11

图 1.7

【补充程序】

```
#include <bits/stdc++.h>
using namespace std;
int a[4][7] = {{},                        // 全局数组，未赋值的元素初值为 0
          {0, 6, 18, 7, 10, 5, 9},
          {0, 13, 2, 16, 17, 14, 8},
          {                        }      // 填上此行的值
          };
int main()
{
    int i, j;




    return 0;
}
```

第3课　填数之旅
——二维数组的应用

“六一”儿童节到了，学校组织了有趣的游园活动，更有趣的是可以跨年级参加，尼克和格莱尔兴奋不已，两个人结伴一起去参加活动。各个活动的难度不同，奖品也不同，其中有一个活动是“填数之旅”，其规则是：小朋友先从数字箱中抽一个种子数，然后拿出一张画有一个4×5表格的白纸，在第一行和第一列的所有单元格上填上种子数。当种子数为1时，填好后如图1.8所示。

1	1	1	1	1
1				
1				
1				

图　1.8

接着从空白单元格中，找到行号最小且列号最小的格子，将这个格子正上方的数与左侧的数相加求和，把这个和填入这个格子，如图1.9所示。

1	1	1	1	1
1	2			
1				
1				

图　1.9

按此规则，从左向右，从上向下，将所有单元格填上相应的数，如图1.10所示。

1	1	1	1	1
1	2	3	4	5
1	3	6	10	15
1	4	10	20	35

图　1.10

为了方便裁判校对答案，请你编写一个程序，输入种子数，输出所有单元格中的数。

【输入格式】

一行，包含一个整数 n（1≤n≤10），表示种子数。

【输出格式】

共 4 行，每行 5 个整数（即按规则输出所有单元格中的数字），每个整数占 6 个字符宽度，右对齐。

【输入及输出样例】

输入样例	输出样例
1	1 1 1 1 1 1 2 3 4 5 1 3 6 10 15 1 4 10 20 35

思路：

（1）定义一个二维数组。

（2）将数组第 1 行和第 1 列的所有元素赋值为种子数。

（3）将数组元素从第 2 行到第 4 行逐行遍历，每行从第 2 列到第 5 列逐个计算出每个元素的值。

（4）按行号由小到大、列号由小到大的顺序输出各个元素的值。

```
#include <bits/stdc++.h>
using namespace std;
int a[10][10];                       //数组定义得稍大一点
int main()
{
    int n, i, j;
    scanf("%d", &n);
    for(j = 1; j <= 5; j++)          //在第一行单元格中填上种子数
        a[1][j] = n;
```

```
    for(i = 1; i <= 4; i++)        //在第一列单元格中填上种子数
        a[i][1] = n;
    for(i = 2; i <= 4; i++)
        for(j = 2; j <= 5; j++)   //正上方a[i - 1][j]，左侧a[i][j - 1]
            a[i][j] = a[i - 1][j] + a[i][j - 1];
    for(i = 1; i <= 4; i++)
    {
        for(j = 1; j <= 5; j++)
            printf("%6d", a[i][j]);
        printf("\n");
    }
    return 0;
}
```

在二维数组中，与 a[i][j]（0<i< 最大行号，0<j< 最大列号）相邻的元素（逻辑上相邻，非存储位置上相邻）的表示如图 1.11 所示。

左上方 a[i–1][j–1]	正上方 a[i–1][j]	右上方 a[i–1][j+1]
左方 a[i][j–1]	a[i][j]	右方 a[i][j+1]
左下方 a[i+1][j–1]	正下方 a[i+1][j]	右下方 a[i+1][j+1]

图　1.11

? 动动脑

有规律的图形

【问题描述】

观察图 1.12 并找出规律，输入一个正整数 n，输出此图的前 n 行。

```
1
1    1
1    2    1
1    3    3    1
1    4    6    4    1
1    5   10   10    5    1
```

图　1.12

【输入格式】

一行，包含一个正整数 n（1≤n≤15）。

【输出格式】

共 n 行，输出此图的前 n 行。每个数据场宽为 5，右对齐。

【输入及输出样例】

输 入 样 例	输 出 样 例
5	1 1 1 1 2 1 1 3 3 1 1 4 6 4 1

第4课 总分知多少

方言是历史，会说方言就是一种记录；方言是人情，会说方言就是一种眷恋；方言是文化，会说方言就是一种传承。风之巅小学最近组织了一场“学说方言”的测试活动，测试活动分为听力和笔试两部分。狐狸老师想知道这场测试活动中每位同学的总分是多少，你能帮忙编写一个程序吗？

现给出n位学生的姓名及听力、笔试的成绩，请你编程求出每位同学的总分并按与输入顺序相反的顺序输出他们的姓名、总分。

【输入格式】

共n+1行。

第一行，包含一个整数n（1≤n≤50），表示学生的总人数。

接下来n行，每行包含一个学生的相关信息，依次为姓名（姓名长度不超过20个字符）、听力成绩、笔试成绩（0≤听力成绩，笔试成绩≤100），数与数之间以一个空格隔开。

【输出格式】

共n行，每行包含一个学生的信息，依次为姓名和总分，数与数之间以一个空格隔开。

【输入及输出样例】

输入样例	输出样例
3 zhangsan 80 80 lisi 100 100 wangwu 90 100	wangwu 190 lisi 200 zhangsan 160

我想定义一个 50 行 4 列的二维数组 a，第 0 列保存姓名，第 1 列保存听力成绩，第 2 列保存笔试成绩，第 3 列保存总分。

不行，不行！姓名是字符串，成绩是整型，它们的数据类型不一样，没法用同一个二维数组来保存啊。

那就用 4 个一维数组，分别保存每位同学的相关信息。

如果用 4 个互相独立的一维数组分别保存姓名、听力成绩、笔试成绩和总分，难以反映它们之间的内在联系。

可以把姓名、听力成绩、笔试成绩、总分组成一个组合项，C++ 语言允许用户建立由若干个类型不同（或相同）的数据项组合而成的数据类型，称为结构体，可以用它来定义变量。

结构体类型的声明格式如下。

```
struct 类型名
{
    数据类型 1  成员名 1;
    数据类型 2  成员名 2;
    …
};
```

例如，声明一个记录姓名、听力成绩、笔试成绩、总分的结构体：

```
struct stud              //声明结构体类型 stud
```

```
{
    char name[20];   // 姓名
    int x, y;        // 听力成绩、笔试成绩
    int sum;         // 总分
};                   // 这个分号不能少
```

声明了结构体类型，接着就可以定义结构体变量了，其格式如下。

```
struct 结构体类型名 变量名列表；
```

或

```
结构体类型名 变量名列表；
```

例如：

```
struct stud a[1000];
stud st1,st2;
```

也可以把结构体类型声明和变量定义合在一起，格式如下。

```
struct 类型名
{
   数据类型 1 成员名 1;
   数据类型 2 成员名 2;
   …
} 变量名；
```

可以对结构体变量的整体进行操作，例如：

```
st2 = st1;
```

可以对结构体变量的成员进行操作，引用结构体变量中成员的一般形式如下。

```
结构体变量名 . 成员名
```

例如：

```
st2.sum = st2.x + st2.y;
```

思路：

（1）定义一个一维结构体数组，每个元素包含姓名、听力成绩、笔试成绩、总分 4 个成员。

（2）输入学生的总人数。

（3）按下标由小到大的顺序输入结构体数组各个元素中姓名、听力成绩、笔试成绩的值，并算出总分。

（4）将结构体数组按下标由大到小的顺序输出各个元素中姓名、总分。

```
#include <bits/stdc++.h>
using namespace std;
struct stud                          // 声明结构体类型 stud
{
    char name[20];
    int x, y;
    int sum;
};                                   // 这个分号不能少
stud a[1000];                        // 定义 stud 类型的全局数组 a
int main()
{
    int i, n;
    scanf("%d", &n);             // 人数
    for(i = 1; i <= n; i++)
    {
        scanf("%s%d%d", &a[i].name, &a[i].x, &a[i].y);
        a[i].sum = a[i].x + a[i].y;
    }
    for(i = n; i >= 1; i--)
    {
        printf("%s %d\n", a[i].name, a[i].sum);
    }
    return 0;
}
```

英汉小词典

struct [strʌkt]　结构

? 动动脑

最右边的点

【问题描述】

平面中有n个点，其坐标分别为（x_1，y_1），（x_2，y_2），…，（x_n，y_n），请定义一个结构体数组保存这些点的坐标，并输出位于最右边的点的坐标。

【输入格式】

共n+1行。

第1行，一个正整数n（1≤n≤30），表示点的个数。

第2行至第n+1行，每行有两个整数x和y，分别表示某个点的x轴坐标（–240≤x≤240）和y轴坐标（–180≤y≤180），数与数之间以一个逗号隔开。

【输出格式】

一行，两个整数，数与数之间以一个逗号分隔，表示位于最右边的点的坐标。如果位于最右边的点有多个，则输出第一个出现在最右边的点的坐标。

【输入及输出样例】

输入样例	输出样例
3 -1,20 0,0 1,10	1,10

第 5 课　“知党爱党为中华”知识竞赛

——排序函数 sort

为了庆祝中国共产党的生日，重温党的光辉历史，风之巅小学六年级学生举行了“知党爱党为中华”知识竞赛。

现给出 n 位同学参加本次竞赛的成绩，请你编写一个程序，将成绩从低到高排序并输出。

【输入格式】

共两行。

第一行，一个整数 n（1≤n≤50），表示学生的总人数。

第二行，n 个整数，表示 n 位同学本次竞赛的成绩（0≤ 成绩 ≤100），数与数之间以一个空格隔开。

【输出格式】

一行，按题意输出 n 个整数，数与数之间以一个空格隔开。

【输入及输出样例】

输入样例	输出样例
4 100　59　99　80	59 80 99 100

排序是许多复杂程序的基石。解决许多实际问题时，经常需要对数据进行排序，这时我们不需要自己去写完整的排序算法（如选择排序、快速排序等），而是可以直接使用 C++ 中的 sort 函数对数据进行排序，这样可以把更多的精力放在问题本身的逻辑上。sort 函数会根据具体情形使用不同的排序方法，效率较高。sort 函数的使用方法如下。

```
sort(< 首元素地址 >, < 尾元素地址的下一个地址 >, [ 比较函数 ]);
```

小提示

<> 表示必填项，[ ] 表示选填项。

sort 函数的参数有三个，其中前两个是必填的，比较函数则可以根据需要填写。如果不写比较函数，则默认对前面给出的数值进行递增（由小到大）排序。在使用 sort 函数前，需要包含 algorithm 头文件，即 #include <algorithm>，也可以使用万能头文件 #include<bits/stdc++.h>。

```
#include <bits/stdc++.h>
using namespace std;
int z[60];                              // 全局数组，各元素默认初始值为 0
int main()
{
    int i, n;
    scanf("%d", &n);
    for(i = 0; i < n; i++)
        scanf("%d", &z[i]);             // 数组下标从 0 开始
    sort(z, z + n);                // 尾元素 z[n-1] 的下一个地址是 z+n-1+1
    for(i = 0; i < n; i++)
        printf("%d ", z[i]);            //%d 后面有一个空格
    return 0;
}
```

数组名 z 表示首元素的地址，尾元素是 z[n-1]，其地址为 z+n-1，尾元素地址的下一个地址则是 z+n−1+1，即 z+n。

如果想把成绩从高到低排序，怎么办？

如果想要从大到小排序，则要填写 sort 函数的第三个可选参数——"比较函数"（一般写作 cmp 函数），来实现这个规则。例如：

```
bool cmp(int a, int b)         //int 为需要排序数组的数据类型
{
    return a > b;              // 可以理解为当 a>b 时把 a 放在 b 前面
}
```

```
return a > b;        相当于        if(a > b)
                                       return true;
                                   else
                                       return false;
```

```
#include <bits/stdc++.h>
using namespace std;
int z[60];
bool cmp(int a, int b)
{
    return a > b;
}
int main()
{
    int i, n;
    scanf("%d", &n);
    for(i = 0; i < n; i++)
        scanf("%d", &z[i]);
    sort(z, z + n, cmp);
    for(i = 0; i < n; i++)
        printf("%d ", z[i]);
    return 0;
}
```

英汉小词典

sort [sɔːrt]　排序

?动动脑

排　　队

【问题描述】

金秋十月，丹桂飘香，风之巅小学的全体师生踏着秋日金色的阳光，开展了秋季研学活动，为了让同学们开开心心去、平平安安回，学校要求每班同学按身高由高到低排成一队，排队参加活动。

【输入格式】

共两行。

第一行，一个整数 n（1≤n≤50），表示学生的总人数。

第二行，n 个整数，表示 n 位同学的身高（100≤ 身高 ≤180)，数与数之间以一个空格隔开。

【输出格式】

一行，n 个整数，表示由高到低排列的 n 位同学的身高，数与数之间以一个空格隔开。

【输入及输出样例】

输入样例	输出样例
4 148 132 154 140	154 148 140 132

第 6 课　“童心向党绘百年”绘画比赛

——sort 的比较函数

风之巅小学五年级的学生正在举行“童心向党绘百年”绘画比赛，每位学生需要参加 3 场比赛，3 场比赛的成绩之和为该同学的总分。现给出 n 位学生的姓名和每场比赛的成绩，请你按总分由高到低的顺序输出每位同学的姓名，如果总分相同则按姓名的音序排列，音序在前的先输出。

小朋友，你能编写一个程序实现上述功能吗？

【输入格式】

共 n+1 行。

第一行，仅有一个整数 n（$1 \leqslant n \leqslant 50$），表示学生的总人数。

接下来 n 行，每行包含一个学生的相关信息，依次为姓名、第 1 场比赛成绩、第 2 场比赛成绩、第 3 场比赛成绩，数与数之间以一个空格隔开。姓名的长度不超过 20 个字符，每场比赛成绩均为整数，且 0≤ 成绩 ≤100。

【输出格式】

共 n 行，每行包含一个学生的姓名。姓名按总分由高到低的顺序依次输出，如果总分相同则按姓名的音序排列，音序在前的先输出。

【输入及输出样例】

输 入 样 例	输 出 样 例
3 zhangsan 80 80 70 lisi 100 100 100 wangwu 90 100 60	lisi wangwu zhangsan

可以先定义一个结构体，来保存每位同学的相关信息。

```
struct stud
{
    string name;            //为了方便比较，建议将姓名定义为string
    int x, y, z;
    int sum;
};
```

将所有学生按总分从高到低的顺序排列，总分相同的按姓名音序排列，音序在前的先输出，由此可以写出对应的 sort 排序比较函数 cmp。

```
bool cmp(stud a, stud b)
{
    if(a.sum > b.sum || (a.sum == b.sum && a.name < b.name))
        return true;
    else
        return false;
}
```

排序规则也可以表述如下：如果两个学生的总分相同，将按姓名的音序排列，即音序在前的排在前面；否则（两位学生的总分不相同），总分高的排在前面。由此可以写出对应的比较函数 cmp。

```
bool cmp(stud a, stud b)
{
    if(a.sum == b.sum)
        return a.name < b.name;
    else
        return a.sum > b.sum;
}
```

思路：

（1）定义一个一维结构体数组，含姓名、第 1 场比赛成绩、第 2 场比赛成绩、第 3 场比赛成绩、总分 5 个成员。

（2）输入学生的总人数。

（3）按下标由小到大的顺序输入结构体数组各个元素中姓名以及三次比赛成绩共 4 个成员的值，并算出总分。

（4）按题意规则写出 sort 排序的比较函数，运用 sort 函数排序。

（5）将结构体数组按下标由小到大的顺序输出各个元素中姓名成员的值。

```
#include <bits/stdc++.h>
using namespace std;
struct stud
{
    string name;
    int x, y, z;
    int sum;
};
bool cmp(stud a, stud b)
{
    if(a.sum == b.sum)
        return a.name < b.name;
    else
        return a.sum > b.sum;
}
int main()
{
    int i, n;
    struct stud st[60];
    cin >> n;
    for(i = 1; i <= n; i++)        //数组下标从 1 开始
    {
        cin >> st[i].name >> st[i].x >> st[i].y >> st[i].z;
        st[i].sum = st[i].x + st[i].y + st[i].z;
    }
    sort(st + 1, st + n + 1, cmp);
    for(i = 1; i <= n; i++)
        cout << st[i].name << endl;
    return 0;
}
```

string 字符串可以直接使用比较运算符，字符数组却不能直接使用大于、等于、小于等比较运算符，比较时需要使用 strcmp 函数。

```
struct stud
{
```

```
    char name[20];
    int x, y, z;
    int sum;
};
bool cmp(stud a, stud b)
{
    if(a.sum == b.sum)
        return strcmp(a.name,b.name)<0; // 小于 0 表示按字典顺序排列
    else
        return a.sum > b.sum;
}
```

一般情况下，在编程中如果涉及字符串的比较，建议将数据定义为 string 型（不使用 char 数组），这样将更加方便、简单。

? 动动脑

字母出现的次数

【问题描述】

为了减少文件在网络上的传输时间和成本，需要对数据进行压缩。一个文本文件被压缩时，一般会采用下面这种策略：出现次数多的字符使用较短的编码，出现次数少的字符使用较长的编码，将传送的数据压缩成尽量少的位数。

现输入一个仅含有小写字母的字符串，输出字符串中各个字母及该字母出现的次数，并按出现次数由高到低排序，次数相同时按字母的字典顺序排列。

【输入格式】

一行，一个只含有小写字母的字符串，长度不超过 255 个字符。

【输出格式】

有若干行，每行由两部分组成：一个字母和该字母出现的次数，中间用冒号分隔。

【输入及输出样例】

输 入 样 例	输 出 样 例
apple	p:2 a:1 e:1 l:1

第 7 课　群星璀璨

——常用函数汇总

风之巅小学举行“我是小小演唱家”选拔赛，舞台上群星璀璨、精彩万分。选拔赛的评分规则如下：5 位评委参与评分，去掉一个最高分，去掉一个最低分，将剩下的 3 位评委打出的分数相加，就是这位选手的最终得分。

现输入 5 位评委为某一位选手打出的分数，输出这位选手的最终得分。

【输入格式】

一行，包含 5 个正整数，分别表示每个评委打出的分数（1≤ 分数 ≤ 100），数与数之间以一个空格隔开。

【输出格式】

一行，一个正整数，表示这位选手的最终得分。

【输入及输出样例】

输 入 样 例	输 出 样 例
95 90 80 99 75	265

```
#include <bits/stdc++.h>
using namespace std;
int main()
{
    int n, maxn, minn, i, sum;
    maxn = 0;
    minn = 101;
```

```
    sum = 0;
    for(i = 1; i <= 5; i++)
    {
        scanf("%d", &n);
        maxn = max(maxn, n);
        minn = min(minn, n);
        sum = sum + n;
    }
    sum = sum - maxn - minn;
    printf("%d\n", sum);
    return 0;
}
```

max 是求两个数最大值的库函数，min 是求两个数最小值的库函数。

```
maxn = max(maxn, n);     相当于     if(n > maxn) maxn = n;
minn = min(minn, n);     相当于     if(n < minn) minn = n;
```

如果想要返回三个数 x、y、z 的最大值，可以使用 max(x,max(y,z)) 的写法；如果想要返回三个数 x、y、z 的最小值，可以使用 min(x,min(y,z)) 的写法。

编写程序时，调用库函数不仅方便，而且可以使程序变得更加简洁。下面介绍几个常用的库函数。

round(double x)：四舍五入函数，对 double 型变量 x 四舍五入，舍入到最邻近的整数，返回类型是 double 型，如表 1.5 所示。

表 1.5

double x	printf("%f\n", round(x)); 运行结果	cout<<round(x)<<endl; 运行结果
1.4	1.000000	1
1.5	2.000000	2
−1.4	−1.000000	−1
−1.5	−2.000000	−2

floor(double x)：向下取整函数，对 double 型变量 x 向下取整（返回不大于 x 的最大整数），返回类型为 double 型，如表 1.6 所示。

表　1.6

double x	printf("%f\n", floor(x)); 运行结果	cout<< floor(x)<<endl; 运行结果
1.1	1.000000	1
1.9	1.000000	1
−1.1	−2.000000	−2
−1.9	−2.000000	−2

ceil(double x)：向上取整函数，对 double 型变量 x 向上取整（返回不小于 x 的最小整数），返回类型为 double 型，如表 1.7 所示。

表　1.7

double x	printf("%f\n", ceil(x)); 运行结果	cout<< ceil(x)<<endl; 运行结果
1.0	1.000000	1
1.1	2.000000	2
1.9	2.000000	2
−1.1	−1.000000	−1
−1.9	−1.000000	−1

pow(double r, double p)：该函数用于返回 r^p, 要求 r 和 p 都是 double 型，返回类型也为 double 型，如表 1.8 所示。

表　1.8

double r	double p	printf("%f\n", pow(r, p)); 运行结果	cout<< pow(r, p)<<endl; 运行结果
5.0	1.0	5.000000	5
5.0	2.0	25.000000	25
5.0	0.5	2.236068	2.23607

sqrt(double x)：该函数用于返回 double 型变量 x 的算术平方根，如表 1.9 所示。

表　1.9

double x	printf("%f\n", sqrt(x)); 运行结果	cout<< sqrt(x)<<endl; 运行结果
16.0	4.000000	4
25.0	5.000000	5
120.0	10.954451	10.9545

swap(x,y)：交换两个变量 x 和 y 的值，相当于如下代码实现的功能。

```
temp = x;
x = y;
y = temp;
```

isdigit(char ch)：判断一个字符是否为十进制数字字符。若是 '0'~'9' 等数字字符，则返回非 0 值，否则返回 0，如表 1.10 所示。

表 1.10

char ch	printf("%d\n", isdigit(ch)); 运行结果	cout<< isdigit(ch)<<endl; 运行结果
'0'	1	1
'9'	1	1
'a'	0	0
'A'	0	0

isalpha(char ch)：判断一个字符是否为英文字母。若是英文字母，则返回非 0（大写字母为 1，小写字母为 2）；若不是英文字母，则返回 0，如表 1.11 所示。

表 1.11

char ch	printf("%d\n",isalpha (ch)); 运行结果	cout<<isalpha (ch)<<endl; 运行结果
'A'	1	1
'a'	2	2
'2'	0	0
'@'	0	0

tolower(char ch)：将大写字母转换成小写字母。如果一个字符是大写字母，则转换为小写字母；如果不是大写字母，则保持不变，如表 1.12 所示。

表 1.12

char ch	printf("%c\n",tolower(ch)); 运行结果	cout<<tolower(ch)<<endl; 运行结果
'A'	'a'	97
'a'	'a'	97
'0'	'0'	48

toupper(char ch)：将小写字母转换成大写字母。如果一个字符是小写字母，则转换为大写字母；如果不是小写字母，则保持不变，如表 1.13 所示。

表　1.13

char ch	printf("%c\n",toupper(ch)); 运行结果	cout<<toupper(ch)<<endl; 运行结果
'a'	'A'	65
'A'	'A'	65
'0'	'0'	48

英汉小词典

max [mæks]　最大值
min [mɪn]　最小值
round [raʊnd]　四舍五入
floor [flɔːr]　向下取整
ceil [siːl]　向上取整
pow [paʊ]　乘幂运算
swap [swaːp]　交换两个变量的值
isdigit [ɪzˈdɪdʒɪt]　判断某个字符是否为数字字符
isalpha [ɪzˈælfə]　判断某个字符是否为英文字母
tolower [ˈtəulaʊer]　将大写字母（字符）转换成小写字母
toupper [ˈtuːpə]　将小写字母（字符）转换成大写字母

? 动动脑

统 计 个 数

【问题描述】

输入一行字符串，统计出其中数字字符和字母的个数。

【输入格式】

一行，包含一个总长度不超过 255 的字符串。

【输出格式】

一行，包含两个整数，分别表示字符串里数字字符和字母的个数，数与数之间以一个空格隔开。

【输入及输出样例】

输 入 样 例	输 出 样 例
I am 10.	2 3

第8课 平均分
——数据类型的取值范围

一天，妈妈想给尼克、马尼、马克三兄弟一个惊喜，买了一些糖果送给三兄弟。妈妈买了 n 块糖果，她不知道能不能平均分给三兄弟，请你帮帮她。

如果能平均分配，则输出 Yes；如果不能平均分配，则输出 No。

【输入格式】

一行，包含一个正整数 n（$1 \leq n \leq 10^{200}$），表示每次要分的糖果块数。

【输出格式】

一行，输出一个 Yes 或 No，表示是否能平均分配。

【输入及输出样例】

输 入 样 例	输 出 样 例
25	No

根据题意可以知道：如果糖果的块数 n 能被 3 整除，则输出 Yes；否则输出 No。有的同学，可能会编写一个如下的程序。

```
#include <bits/stdc++.h>
using namespace std;
int main()
{
    long long n;
    scanf("%lld", &n);
    if(n % 3 == 0)
        printf("Yes\n");
```

```
    else
        printf("No\n");
    return 0;
}
```

可以发现，n 的数据范围为 $1 \leqslant n \leqslant 10^{200}$，程序中将 n 定义为 long long 型，当输入的数据超过 9.2×10^{18} 时，就会发生数据溢出，无法得到正确的结果。每种数据类型都有一定的取值范围，常见数据类型的取值范围如表 1.14 所示。

表 1.14

类型	字节数	取值范围
int （基本整型）	4	−2147483648~2147483647 （近似范围：$-2.1 \times 10^9 \sim 2.1 \times 10^9$）
unsigned int （无符号基本整型）	4	0~4294967295 （近似范围：$0 \sim +4.2 \times 10^9$）
short （短整型）	2	−32768~32767
unsigned short （无符号短整型）	2	0~65535
long （长整型）	4	−2147483648~2147483647 （近似范围：$-2.1 \times 10^9 \sim +2.1 \times 10^9$）
unsigned long （无符号长整型）	4	0~4294967295 （近似范围：$0 \sim 4.2 \times 10^9$）
long long （超长整型）	8	−9223372036854775808~9223372036854775807 （近似范围：$-9.2 \times 10^{18} \sim 9.2 \times 10^{18}$）
unsigned long long （无符号长整型）	8	0~18446744073709551615 （近似范围：$0 \sim 1.8 \times 10^{19}$）
float （单精度浮点数）	4	$-3.4 \times 10^{38} \sim 3.4 \times 10^{38}$ （6~7 位有效数字）
double （双精度浮点数）	8	$-1.79 \times 10^{308} \sim 1.79 \times 10^{308}$ （15~16 位有效数字）

因此，对于一个超大的正整数，直接除以 3 求余数判断是否能被 3 整除是行不通的。但是，我们知道对于一个正整数来说，只要它各个数位上的数字相加所得的和能被 3 整除，那么这个正整数就能被 3 整除。因此，可以先用字符型数组或字符串将各个数位上的数字以字符的形式保存下来，再转化

成整型数字求和判断即可。

```
#include <bits/stdc++.h>
using namespace std;
char n[210];
int main()
{
    scanf("%s", n);        //数组名 n 表示字符数组 n 的首地址，等同于 &n
    int sum = 0;
    for(int j = 0; j < strlen(n); j++)  //strlen() 求字符个数
        sum = sum + (n[j] - '0');  //将字符型数字转换成整型数字并求和
    if(sum % 3 == 0)
        printf("Yes\n");
    else
        printf("No\n");
    return 0;
}
```

小提示

两个 int 型变量相加或相乘后，其结果有时需要用 long long 型数据才能存储。

```
#include <bits/stdc++.h>
using namespace std;
int main()
{
    int left, right, mid;
    left = 2147483641;
    right = 2147483647;
    mid = (left + right) / 2;
    printf("%d\n", mid);
    return 0;
}
```

运行结果：

```
-4
```

程序中 left + right 正确的运算结果为 4294967288，这个值超出了 int 类型数据取值范围，所以程序执行时发生了数据溢出，输出为 −4。要解决溢出问题，可以将变量 left、right、mid 定义为 long long 型，或者将语句修改为 mid=left+(right−left)/2。

? 动动脑

进 位 次 数

【问题描述】

两个数相加时，先把相同数位对齐，再从个位起依次相加，哪一位上的数相加满十，就要向前一位进一。尼克想编写程序统计一下，两个正整数在相加时发生了多少次进位，你能帮帮他吗？

【输入格式】

一行，包含两个正整数 x 和 y（$1 \leqslant x \leqslant 10^{200}$，$1 \leqslant y \leqslant 10^{200}$），数与数之间以一个空格隔开。

【输出格式】

一行，一个整数，表示 x 和 y 相加时进位的次数。

【输入及输出样例】

输 入 样 例	输 出 样 例
108 607	1

第 9 课　定义新运算

——文件操作

格莱尔将要代表学校参加“狼巧杯”编程大赛，她有一个问题向狐狸老师请教：如何使用“文件”进行数据的输入和输出。

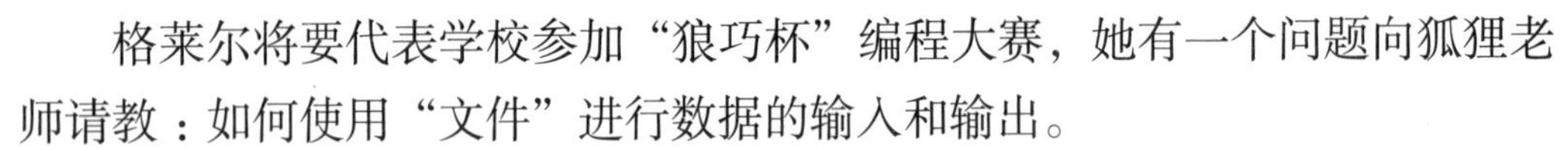

狐狸老师教她“输入输出文件重定向”，即同时打开、关闭一个输入文件和一个输出文件的方法，其使用方法如下：

```
freopen( "输入流文件名 ","r",stdin);        // 打开输入流文件
freopen(" 输出流文件名 ","w",stdout);       // 打开输出流文件
// 其他程序代码
fclose(stdin);                              // 关闭输入流文件，可以省略
fclose(stdout);                             // 关闭输出流文件，可以省略
```

stdin 表示标准输入，stdout 表示标准输出。经过重定向后，任何输入就从指定的“输入流文件”中读取，任何输出就输出到指定的“输出流文件”中。

文件名包括主文件名和扩展名，中间用点分隔，形式如“主文件名 . 扩展名。”一般情况下，在小学生上机程序设计大赛或程序设计水平展示活动中，使用的输入文件的扩展名为 in，如“×××.in”，输出文件的扩展名为 out，如“×××.out”。

定义新运算是小学奥数中的一种常见题型，如规定 a ★ b=(a+b)×(b+1)，那么 2 ★ 3=(2+3)×(3+1)=20。输入 a 和 b 的值，请你编程输出 a ★ b 的结果。

【输入文件】

输入文件 math.in。

一行，包含两个整数 a 和 b（1≤a≤100, 1≤b≤100），数与数之间以一个空格隔开。

【输出文件】

输出文件 math.out。

一行，一个整数，表示 a ★ b 的结果。

【输入及输出样例】

输 入 样 例	输 出 样 例
2 3	20

```
#include <bits/stdc++.h>
using namespace std;
int main()
{
    freopen("math.in", "r", stdin);     // 打开输入流文件 math.in
    freopen("math.out", "w", stdout);   // 打开输出流文件 math.out
    int a, b, ans;
    scanf("%d%d", &a, &b);
    ans = (a + b) * (b + 1);
    printf("%d\n", ans);
    fclose(stdin);                      // 关闭输入流文件
    fclose(stdout);                     // 关闭输出流文件
    return 0;
}
```

此程序运行时，输入的数据从 math.in 文件中获取，运行结果输出到 math.out 文件中，屏幕不显示运行结果。

为了测试程序的正确性，在调试程序时，可以自己动手新建一个输入文件。下面介绍两种常用的手动新建输入文件的方法。

（1）在“记事本”中新建输入文件。

启动“附件”中的“记事本”程序，输入一组测试数据，单击“文件”→“保存”菜单，选择源程序文件保存的路径，并选择保存类型为“所有文件”，输入测试数据的文件名（如 math.in），单击“保存”按钮，如图 1.13 所示。

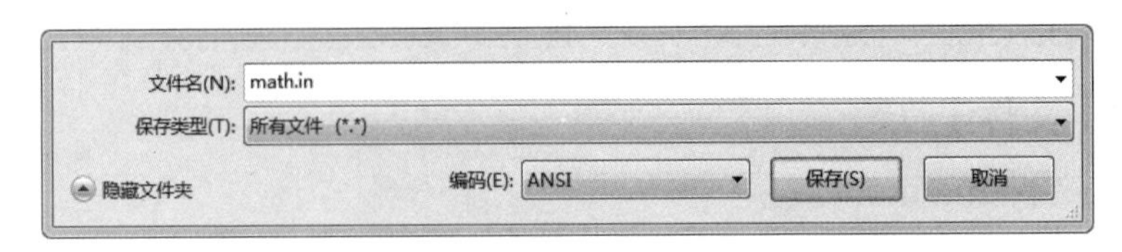

图 1.13

（2）在 Dev-C++ 中新建输入文件。

启动 Dev-C++ 后，单击“文件”→“新建”→“源代码”，手动输入一组测试数据，然后再单击“文件”→“保存”菜单，选择源程序文件保存的路径，并选择保存类型为“All files（*.*）”，输入测试数据的文件名（如 math.in），单击“保存”按钮，如图 1.14 所示。

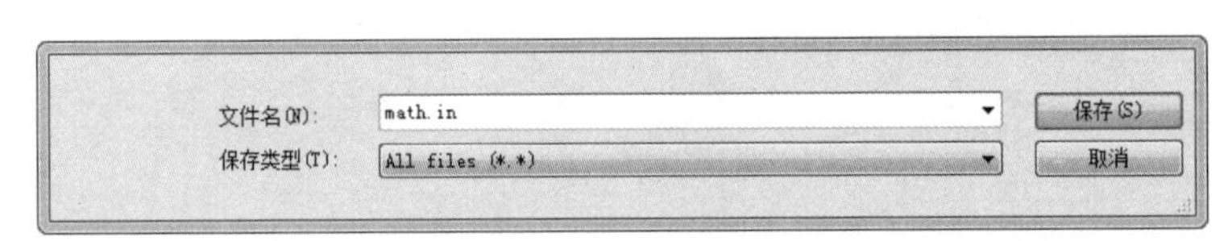

图 1.14

小提示

输入文件名时一定要输入完整，“.in”不能少。

在小学生上机编程大赛或程序设计水平展示活动中，只要提交自己编写的源程序（扩展名为 cpp），不需要提交自己建立的输入文件，测评系统有自己的输入数据。

英汉小词典

freopen [friːˈəʊpən]　输入 / 输出文件重定向

stdin [stdɪn]　标准输入

stdout [stdaut]　标准输出

fclose [fkləʊs]　文件关闭

? 动动脑

几时几分几秒

【问题描述】

“满纸荒唐言，一把辛酸泪！都云作者痴，谁解其中味！”一天格莱尔看了 n 秒《红楼梦》，尼克很想知道如果用“时 : 分 : 秒”的格式表示这个 n 秒是多少。例如，n 为 0 时，输出“00:00:00”;n 为 5678 时，输出“01:34:38”。

【输入文件】

输入文件 time.in。

一行，包含一个整数 n（$1 \leqslant n \leqslant 10^6$），表示格莱尔看书的秒数。

【输出文件】

输出文件 time.out。

一行，包含 3 个整数，分别表示时、分、秒，每个整数占两位，不足两位用 0 补齐，数与数之间用冒号隔开。

【输入及输出样例】

输入样例 1	输出样例 1
0	00:00:00
输入样例 2	**输出样例 2**
5678	01:34:38

第 10 课　快慢知多少

——时间复杂度

尼克和格莱尔经常一起探讨编程问题，今天的话题是如何知道一个算法的快慢。想要知道一个算法的快慢，很多同学首先想到的方法是先将算法用程序设计语言实现，然后把这个程序运行一遍，那么它所消耗的时间就自然而然知道了。例如下面的程序即可输出程序运行的时间。

```
#include <bits/stdc++.h>
using namespace std;
int main()
{
    int start = clock();                                    // 开始时间
    int n = 1000000;
    int cnt = 0;
    for(int i = 1; i <= n; i++)
        cnt++;
    int end = clock();                                      // 结束时间
    printf("%f\n", double(end - start) / CLOCKS_PER_SEC);  // 输出秒数
    return 0;
}
```

这种方法可以吗？小学生入门时尝试、了解一下是可以的，但不推荐，因为它容易受到运行环境的影响，在性能高的机器上“跑”出来的结果与在性能低的机器上“跑”出来的结果会相差很大，而且跟测试时使用的数据规模也有很大关系。

那么应该如何量化一个算法的快慢？

算法的快慢通常用“时间复杂度”来表示，时间复杂度常用大写字母O和小写字母n来表示，称为大O表示法，如$O(n)$、$O(n^2)$等。

时间复杂度是用算法执行过程中某些“时间固定的基本操作”需要被执行的次数和 n 的关系来度量的。哪些是“时间固定的基本操作”？例如在未排序的数组中查找某个给定的值，如果将数组元素从头到尾依次与待查找的值相比较，那么这个“时间固定的基本操作”就是比较。时间复杂度关注的是这个“时间固定的基本操作”被执行次数与 n 的关系，至于这个“时间固定的基本操作”每次执行需要多少时间并不关心。

【例 1】

```
int fun(int n)
{
    int sum = 0;
    sum = sum + n;
    sum = sum + n;
    sum = sum + n;
    return sum;
}
```

本算法“时间固定的基本操作”是执行加法，执行次数为 3，且 n 的值无论是多少，都不会影响执行次数。像这样“时间固定的基本操作”被执行次数是常量、与数据规模无关的算法，它的时间复杂度为 O（1），常量级。

【例 2】

```
int fun(int a[], int n)
{
    int x = INT_MAX;
    for(int i = 1; i <= n; i++)
        if(a[i] < x) x = a[i];
    return x;
}
```

本算法“时间固定的基本操作”是执行比较，执行次数为 n。当 n 的值为 1 时，执行次数为 1；当 n 的值为 1000 时，执行次数为 1000。像这样“时间固定的基本操作”需要被执行的次数随着输入数据的规模而发生线性变化的算法，它的时间复杂度为 O（n），线性级。

【例 3】

```
int fun(int n)
{
    int sum = 1000;
    for(int i = 1; i <= n; i++)
    {
        sum = sum - 2;
        sum = sum - 3;
    }
    return sum;
}
```

本算法“时间固定的基本操作”是执行减法,执行次数为 2n。一般来说,标记算法的时间复杂度时不关心系数，所以它的时间复杂度也是 O（n）。

【例 4】

```
int fun(int n)
{
    int i, j, sum = 0;
    for(i = 1; i <= n + 5; i++)
        sum = sum + i;              // 执行 n+5 次
    for(i = 1; i <= n; i++)
        for(j = 1; j <= n; j++)
            sum = sum + n;          // 执行 n² 次
    return sum;
}
```

本算法“时间固定的基本操作”是执行加法，执行次数为 n^2+n+5。当 n 为 1 时，n^2 为 1，n+5 为 6；当 n 为 100 时，n^2 为 10000，n+5 为 105。在讨论某个算法的时间复杂度时,只关心随着 n 的增长而增长得最快的那一项(抓大去小)。此时，只要关心 n^2 项，忽略 n+5 项，它的时间复杂度为 O（n^2）。

【例 5】

```
void fun(int n)
{
```

```
    for(int i = n; i > 1; i = i / 2)
        printf("%d ", i);
    return ;
}
```

本算法“时间固定的基本操作”是执行输出。当n为16时，执行4次；当n为1024时，执行10次。像这样的算法，它的时间复杂度为O（$\log_2 n$），但标记算法的时间复杂度时不关心系数，因此也可以标记为O（logn）。

上面的例子中，时间复杂度有O（1）、O（logn）、O（n）、O（n^2）4种，除此之外还有其他形式的时间复杂度，如O（n logn）、O（n^3）、O（2^n）、O（n!）等。这几种时间复杂度的程度究竟哪种执行用时更长，哪种更节省时间呢？时间复杂度的关系通常如下：

$$O(1) < O(\log n) < O(n) < O(n\log n) < O(n^2) < O(n^3) < O(2^n) < O(n!)$$

【试一试】

```
#include <bits/stdc++.h>
using namespace std;
int main()
{
    long long cnt = 0;
    int n;
    cin>>n;
    for(int i = 1; i <= n; i++)
        for(int j = 1; j <= n; j++)
            cnt++;
    printf("%lld\n", cnt );
    return 0;
}
```

这个算法的时间复杂度为O（n^2），当n的数据规模为100000时，最大的运算次数为100000×100000，即100亿。同学们要有一个基本的概念，一般情况下，如果一个程序的运算次数高达100亿，提交到任何一个在线评测平台都会超时的。

从一般的经验来看，一个评测系统一秒能承受的运算次数大概是 $10^7 \sim 10^8$，如果运算次数达到 1 亿这个量级就会比较危险，10 亿肯定过不了，几千万有可能过，几百万肯定没问题。

【小实验】

输入下面的程序并运行，看一看运行结果是多少？

```
#include <bits/stdc++.h>
using namespace std;
int main()
{
    int start = clock();                              // 开始时间
    int n=100000;
    for(int i = 1; i <= n; i++)
        for(int j = 1; j <=n; j++)
            ;
    int end = clock();                                // 结束时间
    printf("%f\n", double(end - start) / CLOCKS_PER_SEC);   // 输出秒数
    return 0;
}
```

?动动脑

一一对应

【问题描述】

有两个 r 行 c 列的表格（行从上到下按 0 到 r−1 编号，列从左往右按 0 到 c−1 编号），每个单元格中都有一个整数 n，同一个表格的各个单元格中的 n 可能相同也可能不同。统计一下图 1.15 两个表格相同单元格中整数 n 相同的个数。

1	2
4	5
2	8

1	2
9	4
7	8

图 1.15

【输入格式】

第一行包含两个整数 r 和 c（$1 \leqslant r \leqslant 100$，$1 \leqslant c \leqslant 100$），表示表格的行数和列数，中间用单个空格隔开。

之后 r 行，每行上有 c 个整数 n（$1 \leqslant n \leqslant 10^5$），表示第 1 个表格的各个单元格中的数字，数与数之间以一个空格隔开。

之后 r 行，每行上有 c 个整数 n（$1 \leqslant n \leqslant 10^5$），表示第 2 个表格的各个单元格中的数字，数与数之间以一个空格隔开。

【输出格式】

一行，一个整数，表示两个表格相同单元格中整数 n 相同的个数。

【输入及输出样例】

输入样例	输出样例
3 2 1 2 4 5 2 8 1 2 9 4 7 8	3

你采用的算法时间复杂度是多少？最大运算次数为多少？

第 11 课　存储空间知多少
——空间复杂度

一个算法在计算机存储器上所占用的空间可以分为三类：存储算法本身所占用的存储空间、算法输入或输出数据所占用的存储空间、算法在运行过程中所占用的临时存储空间。

存储算法本身所占用的存储空间与实现算法的程序有关，程序越短，占用的存储空间越少；程序越长，占用的存储空间越多。一般情况下，编程竞赛或算法竞赛中所编的程序最多为几百 KB（千字节），可以忽略不计。

计算算法在计算机存储器上所占用的空间时，一般只计算输入或输出数据占用的存储空间和运行过程中占用的临时存储空间。

```
#include <bits/stdc++.h>
using namespace std;
int main()
{
    double x;
    int a[100000];
    x = (sizeof(a) + sizeof(x)) / double(1024 * 1024);
    printf("%d\n", sizeof(a) + sizeof(x));
    printf("%.4fMB\n", x);
    return 0;
}
```

运行结果如下。

```
400008
0.3815MB
```

sizeof 可以计算数据（包括数组、变量、类型、结构体等）所占用的内存空间，用字节数表示。本程序运行时所需的存储空间，可以计算如下：一个 int 型数据需要 4 字节，一个 double 型数据需要 8 字节，因此 a 数组及变量 x 所需的存储空间为 400008 字节。空间复杂度也使用大 O 表示法来表示。

小提示

如果在 main 函数中定义较大的数组（约为 10^6 级别），则程序会异常退出。这是因为函数内部申请的是局部变量，局部变量来自系统栈，允许申请的空间较小；而函数外部申请的是全局变量，全局变量来自静态存储区，允许申请的空间较大。而且，局部变量的初始值是随机的，全局变量的初始值为 0，所以在一般情况下，需要定义大数组时，要把数组定义在主函数的外面。

【试一试】

```
#include <bits/stdc++.h>
using namespace std;
int main()
{
    int n, a[1000000];
    scanf("%d", &n);
    printf("n=%d", n);
    return 0;
}
```

上述程序在运行时会出现异常，无法输入或输出 n 的值。如果把数组 a 定义为全局数组，该程序就能正常运行，如下所示。

```
#include <bits/stdc++.h>
using namespace std;
int a[1000000];
int main()
{
    int n;
    scanf("%d",&n);
    printf("n=%d",n);
    return 0;
}
```

通常在编程竞赛中会限制程序运行内存上限，如256M、512M等。当内存上限为256M时，如果仅定义一个int类型的一维数组a[x]，x的最大取值为$256\times1024\times1024\div4=67108864$，但实际使用中x的值一般不超过$5\times10^7$。一般情况下，空间复杂度的重要性没有时间复杂度那么大。只要不是使用好几个10^7以上的数组，空间都是够用的，因此在解决有些问题时常常会采用以空间换时间的策略。

英汉小词典

sizeof [ˈsaɪzev]　计算数据所占的内存空间（字节）

?动动脑

最大的能量

【问题描述】

有n块夹板排成一行，每块夹板上都有一盒大小不等的菠菜，跳到夹板上就可以获得这盒菠菜，获得菠菜就获得了一定的能量。

游戏开始时，格莱尔站在最左边的第1块夹板上，并且直接获得了这块夹板上的菠菜的能量。格莱尔每次跳跃可以跳到右边的相邻夹板上，需要花费的能量值为k，当能量不足以跳到下一块夹板，或者已经跳到最后一块夹板上时，游戏结束。请根据输入数据编写程序，计算在游戏过程中，格莱尔曾经拥有的最大能量值是多少。

【输入格式】

共三行。

第一行，1个整数n，表示有n块夹板（$1\leq n\leq10^5$）。

第二行，n个整数，表示第1~n块夹板上菠菜的能量值（0≤能量值≤100），数与数之间以一个空格隔开。

第三行，1个整数k，表示每次跳跃需要花费的能量k（1≤k≤100）。

【输出格式】

一行，1个整数，表示游戏过程中格莱尔曾经拥有的最大能量值。

【输入及输出样例】

输入样例	输出样例
4 4 4 1 1 3	5

第 12 课　算法优化
——前缀和

格莱尔的叔叔是物业公司的总经理，他接到了一个新任务：为了美观，物业公司想把每一幢房子都粉刷一下。小区里有 n 幢房子，为了核算成本，需要测量出每幢房子的外墙面表面积，物业想知道前 x 幢房子的外墙面表面积之和是多少。

请你编写一个程序，帮他们算一算。

【输入格式】

共四行。

第一行，1 个整数 n（$1 \leqslant n \leqslant 10^5$），表示房子的幢数。

第二行，n 个整数，依次表示第 1~n 幢房子的外墙面表面积 s（$1 \leqslant s \leqslant 500$），数与数之间以一个空格隔开。

第三行，1 个整数 m（$1 \leqslant m \leqslant 10^5$），表示物业询问格莱尔的次数。

第四行，m 个整数，分别表示每次物业询问“前 x 幢房子”中的 x，数与数之间以一个空格隔开。

【输出格式】

一行，m 个整数，表示每次询问时前 x 幢房子外墙面表面积之和，数与数之间以一个逗号隔开。

【输入及输出样例】

输入样例	输出样例
5 100 200 50 300 50 3 3 4 5	350,650,700

思路:

可以用一个一维数组 s 保存每幢房子的外墙面表面积，要求前 x 幢房子的外墙面表面积之和，就是求数组 s 前 x 个元素的和，即 s[1]+s[2]+s[3]+…+s[x] 的和。

```
#include <bits/stdc++.h>
using namespace std;
int s[100010];
int main()
{
    int m, n, x, i, j, sum;
    cin >> n;
    for(i = 1; i <= n; i++)
        cin >>s[i];
    cin >> m;
    for(i = 1; i <= m; i++)
    {
        cin >> x;
        sum = 0;
        for(j = 1; j <= x; j++)
            sum = sum + s[j];
        printf("%d", sum);
        if(i < m)
            printf(",");
    }
    return 0;
}
```

输入样例数据，输出的结果是正确的，但是这个算法的时间复杂度为 O(n*m)，n 和 m 的数据规模为 10^5，最大的运算次数为 10^{10}，1 秒内是无法完成的。

那么应该如何优化呢？我们来分析一下输入样例数据时的计算过程。

sum=s[1]+s[2]+s[3] (x=3)

sum=s[1]+s[2]+s[3]+s[4] (x=4)

sum=s[1]+s[2]+s[3]+s[4]+s[5] (x=5)

每次求 sum 的值，都是从 s[1] 开始累加，存在重复计算。为了减少重复计算，可以定义一个一维数组 sum，用 sum[i] 保存 s[1]~s[i] 的和。

sum[0] = 0

sum[1] =sum[0]+s[1]=s[1]

sum[2] =sum[1]+s[2]=s[1] + s[2]

sum[3] =sum[2]+s[3]=s[1] + s[2]+ s[3]

sum[4] =sum[3]+s[4]=s[1] + s[2] + s[3] + s[4]

sum[5] =sum[4]+s[5]=s[1] + s[2] + s[3] + s[4]+ s[5]

即 sum[i]=sum[i-1]+s[i]。

```
#include <bits/stdc++.h>
using namespace std;
int s[100010], sum[100010];
int main()
{
    int m, n, x, i, j;
    cin >> n;
    for(i = 1; i <= n; i++)
    {
        cin >>s[i];
        sum[i] = sum[i - 1] + s[i];
    }

    cin >> m;
    for(i = 1; i <= m; i++)
    {
        cin >> x;
        printf("%d", sum[x]);
        if(i < m)
            printf(",");
    }
    return 0;
}
```

这是一种以空间换时间的做法，先提前求得前 i 项的和，并保存到 sum[i] 中，当需要用到前 i 项的和时直接调用即可，这种思想称为前缀和思想，sum 数组被称为前缀和数组。前缀和常用于预处理与程序的优化。

小提示

什么是“前缀”，举个例子，假设有一个单词 programe，它的前缀有 p、pr、pro、prog、progr、progra、program、programe，就是从第一个字母开始，依次往后拼接。

运用前缀和也可以求连续某一段的部分和，如求第 3 个元素到第 7 个元素的和（共 5 个元素），可以通过 sum[7]−sum[2] 求得。

? 动动脑

相邻的数之和

【问题描述】

一个由 n 个数组成的数列，所有相邻 m 个数的和有 n−m+1 个，求其中的最大值。

【输入格式】

共两行。

第一行，包含 2 个整数，n（$1 \leqslant n \leqslant 10^5$）和 m（$1 \leqslant m \leqslant 10^5$），数与数之间以一个空格隔开。

第二行，n 个整数，a（$1 \leqslant a \leqslant 500$），数与数之间以一个空格隔开。

【输出格式】

一行，一个整数。

【输入及输出样例】

输 入 样 例	输 出 样 例
5 3 100 200 50 300 50	550

第 13 课 算法优化

——双指针

格莱尔正在参加编程大赛，赛场上的选手个个屏气凝神，十分专注，她刚刚做到这样一个题目：已知有 n 个球，每个球上写着一个大于零的数字 a，称为 a 号球，求任意选一个或者两个球，使球上的数字之和小于等于 k 的方案数。

你能求出符合要求的方案数吗？

【输入格式】

共两行。

第一行，包含两个整数 n 和 k（$1 \leqslant n \leqslant 10^5$，$1 \leqslant k \leqslant 10^7$），数与数之间以一个空格隔开。

第二行，包含 n 个整数 a（$1 \leqslant a \leqslant 10^7$），数与数之间以一个空格隔开。

【输出格式】

一行，一个整数，即输出符合要求的方案数。

【输入及输出样例】

输 入 样 例	输 出 样 例
10 8 7 5 1 3 8 9 10 2 11 6	16

思路：

（1）加入一个 0 号球，当只选一个球时，现再选一个 0 号球，这样就可以把选一个球的问题转化成选两个球的问题来处理。

（2）枚举每次选两个球的所有可能，如当有 3 个球时（加入一个 0 号球，就是 4 个球），所有可能的选择如图 1.16 所示。

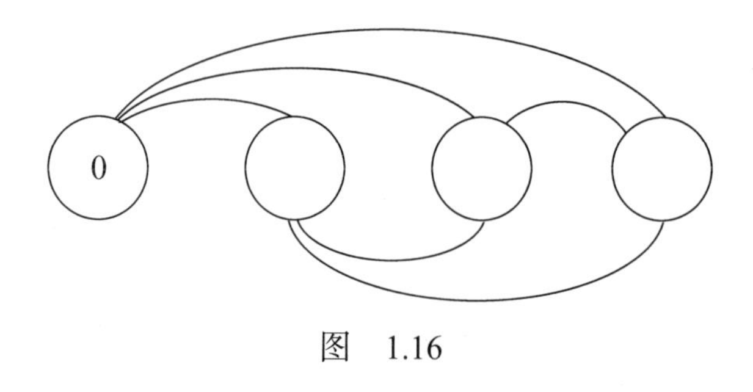

图 1.16

```
#include <bits/stdc++.h>
using namespace std;
int a[100010];
int main()
{
    int i, j, k, n;
    long long ans = 0;
    scanf("%d%d", &n, &k);
    a[0] = 0;                           //用a[0]保存0
    for(i = 1; i <= n; i++)
        scanf("%d", &a[i]);
    for(i = 0; i <= n - 1; i++)
        for(j = i + 1; j <= n; j++)
        {
            if(a[i] + a[j] <= k)
                ans ++;
        }
    printf("%lld", ans);
    return 0;
}
```

这个算法的时间复杂度为 O（n^2），当 n 的数据规模为 10^5 时，最大运算次数为 10^{10}，1 秒内是无法完成的，提交到任何一个在线评测平台或评测系统都会超时的。

怎么办？可以采用“双指针”的编程思想进行优化，下面以样例输入的数据为例，学习“双指针”的编程技巧。

把输入的数据（含加入的 0）存入 a 数组，并按升序排序，排序后如

图 1.17 所示。

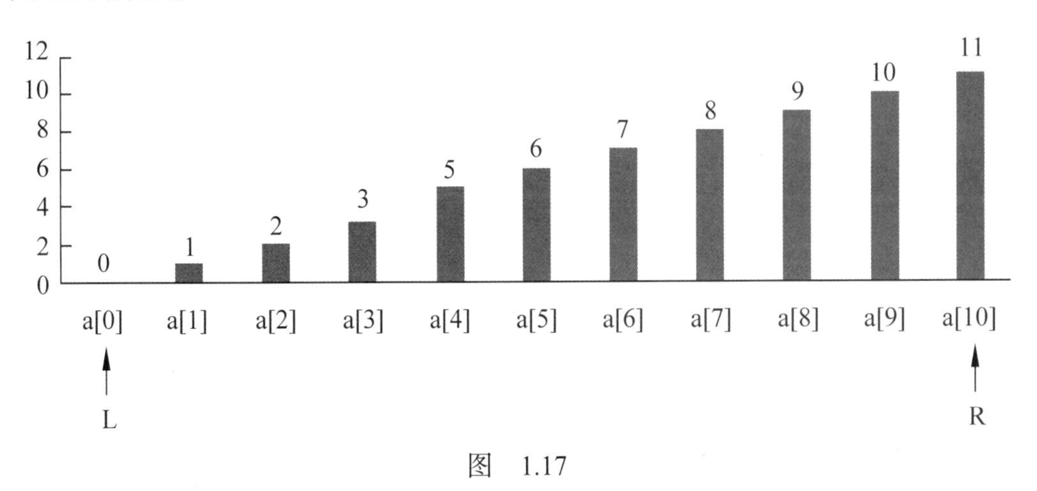

图　1.17

定义两个变量 L 和 R，并赋初值（L 为 0，R 为 10），表示 L 指向最左侧的 a[0] 元素，R 指向最右侧的 a[10] 元素。通常会把变量 L 称为"左指针"，把变量 R 称为"右指针"。此指针并不是 C++ 中指针变量中的"指针"，而是"指向某一处"的含义。

求任意选两个球，球上的数字之和小于等于 k 的方案数，就是求 a[L]+a[R]≤k 的方案数。如图 1.17 所示，当前 a[L]+a[R]=a[0]+a[10]=0+11=11≤k（k 为 8）不成立，为了让 a[L]+a[R]≤k，只能让右指针 R 向左移动使和变小，一个位置一个位置地进行判断。

当 R 为 7 时，a[L]+a[R]=a[0]+a[7]=0+8=8≤k 成立，如图 1.18 所示，此时右指针 R 左边所有的数与 a[L] 相加的和一定小于等于 k（R 指针右边所有的数与 a[L] 相加的和一定大于 k），因此，这时就找到了 R−L 个 a[L]+a[R] ≤k 的方案数。

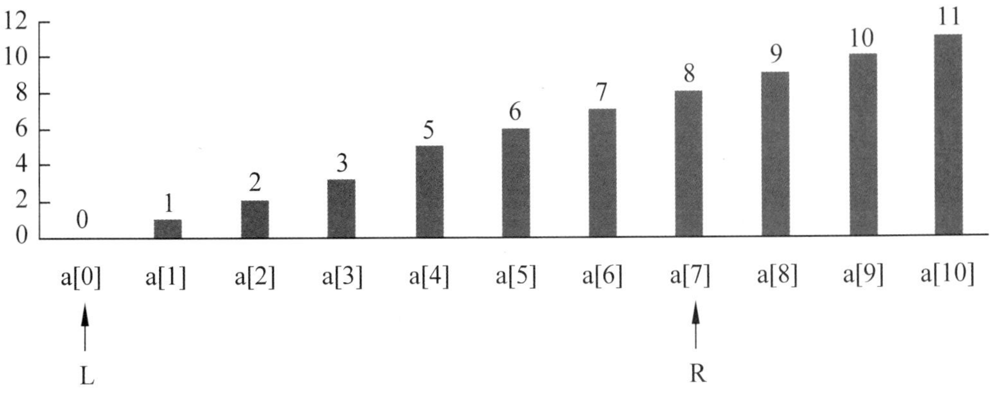

图　1.18

接着，让左指针 L 向右移一个位置（左指针 L 为 1，右针指 R 不动），让 a[L] 的值变大一点，继续寻找 a[L]+a[R]≤k 的方案数，如图 1.19 所示。此时 a[L]+a[R]=a[1]+a[7]=1+8=9≤k 不成立，为了让 a[L]+a[R]≤k，只能让右指针 R 向左移动使和变小，一个位置一个位置地进行判断。

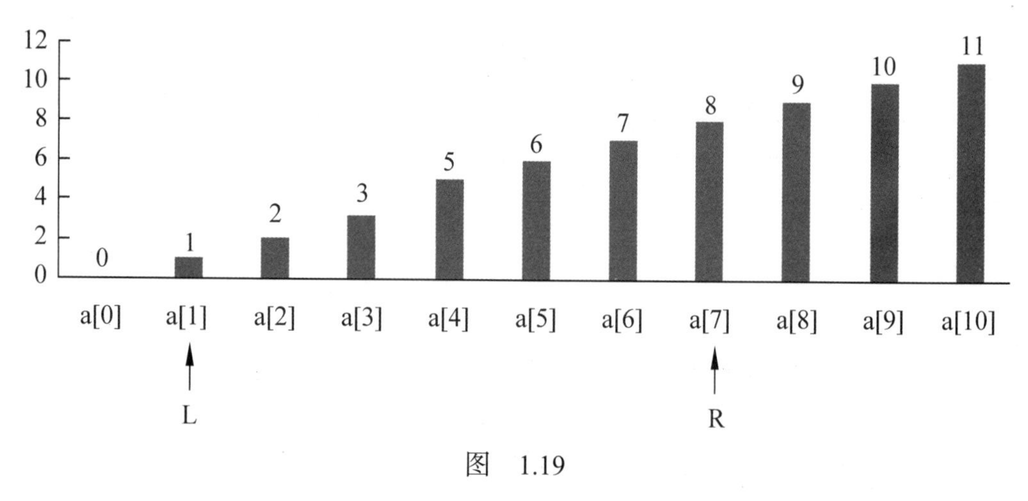

图 1.19

当 R 为 6 时，a[L]+a[R]=a[1]+a[6]=1+7=8≤k 成立，如图 1.20 所示，此时右指针 R 左边所有的数与 a[L] 相加的和一定小于等于 k（R 指针右边所有的数与 a[L] 相加的和一定大于 k），因此，这时又找到 R–L 个 a[L]+a[R]≤k 的方案数。

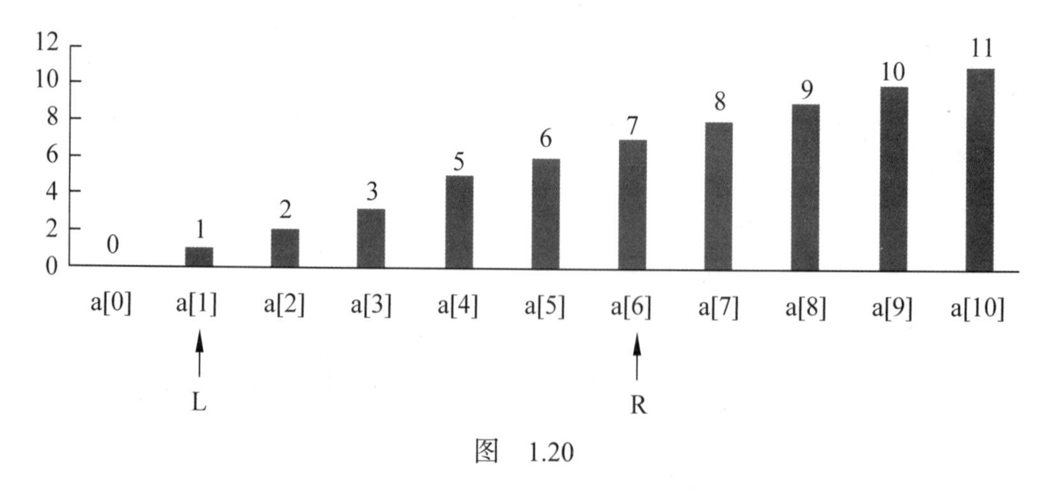

图 1.20

按此方法一直寻找，直到 R 等于 L 时结束，如图 1.21 所示。

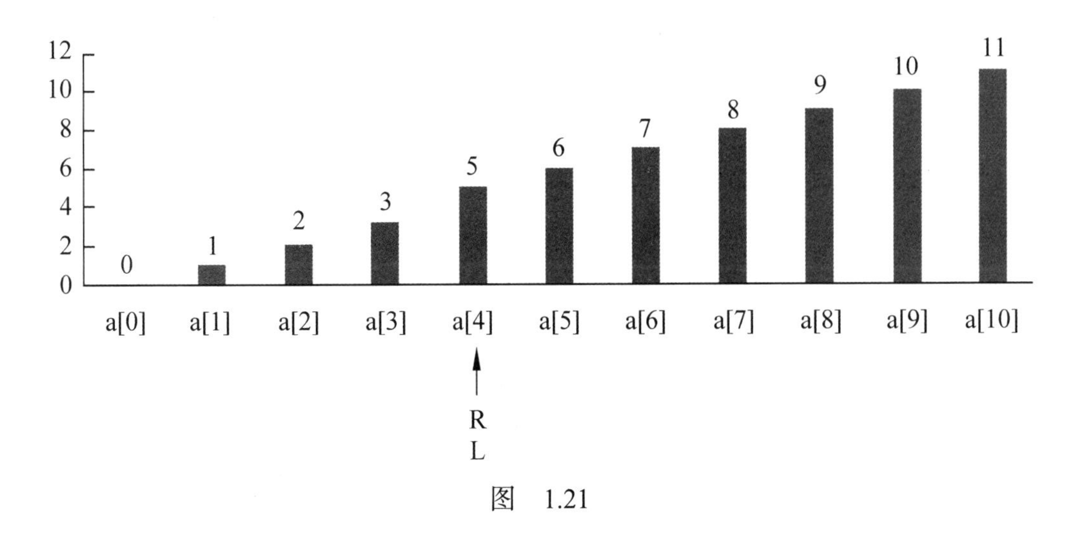

图　1.21

```
#include<bits/stdc++.h>
using namespace std;
int a[1000010];
int main()
{
    int i, n, k;
    scanf("%d%d", &n, &k);
    a[0] = 0;
    for(i = 1; i < n + 1; i++)
        scanf("%d", &a[i]);
    sort(a, a + n + 1);
    long long ans = 0;
    int L = 0;
    int R = n;
    while(L < R)
    {
        while(a[L] + a[R] > k && L < R)
            R--;
        if(L < R)
            ans = ans + (R - L);
        L++;
    }
    printf("%lld\n", ans);
```

```
    return 0;
}
```

学习一种算法时，不要死记硬背，而是要“理解”实现算法的核心方法。“理解”之后，又要“质疑”，这种方法真的是最优吗？然后，再想一想能不能“变换”成另一种形式。这种“理解”“质疑”“变换”是我们应当具备的最宝贵的学习品质。

编程，因“理解”而亲切，因“质疑”而生动，因“变换”而精彩！

？动动脑

方 案 数

【问题描述】

已知有 n 个球，每个球上写着互不相同的一个大于 0 的整数 a，求任意选两个球，使两个球上的数字之和等于 k 的方案数。

【输入格式】

共两行。

第一行，两个整数 n 和 k（$1 \leqslant n \leqslant 10^5$，$1 \leqslant k \leqslant 10^7$），数与数之间以一个空格隔开。

第二行，n 个整数 a（$1 \leqslant a \leqslant 10^7$），数与数之间以一个空格隔开。

【输出格式】

一行，一个整数，即符合要求的方案数。

【输入及输出样例】

输入样例	输出样例
10 8 7 5 1 3 8 9 10 2 11 6	3

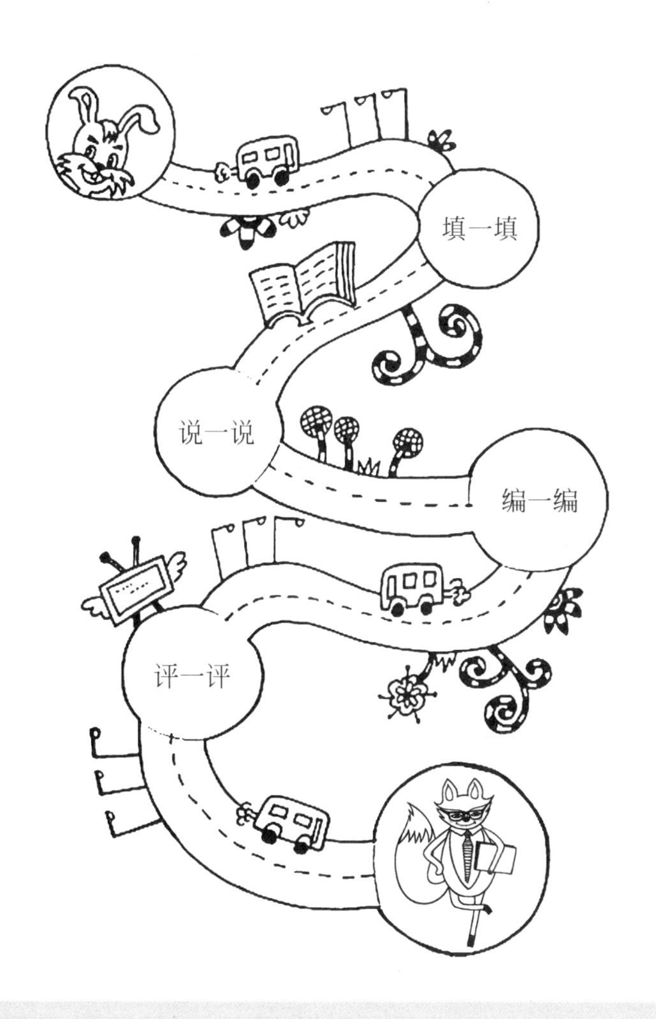

约定：解决本单元所有问题所采用的算法，时间限制为1秒，空间限制为256MB。

第 1 天　兔村 500 年

家族和村庄，是承载文明的最小单位，也是历史与文化的缩影。兔村有近 500 年的历史。兔民们日出而作，日落而息，一代代繁衍，其子孙的辈分按“子（Z）、永（Y）、祥（X）、瑞（R）、护（H）、邦（B）、定（D）、国（G）”来命名。辈分的名称是循环使用的，如国字辈（又称为 G 字辈）之后是子字辈，子字辈之后是永字辈。兔子尼克的大名是尼定克，是定字辈兔子，它的下一代（第 1 代）是国（G）字辈，它的第 2 代是子（Z）字辈。

请问它的第 n 代的兔子是什么辈分？

【输入格式】

一行，包含 1 个整数 n（–500≤n≤500），表示尼克的第 n 代的兔子。

【输出格式】

一行，一个大写字母，代表尼克的第 n 代兔子辈分的拼音首字母。

【输入及输出样例】

输 入 样 例	输 出 样 例
0	D

任务闯关 • 导学达标

兔子的辈分							
定	国	子	永	祥	瑞	护	邦
D	G	Z	Y	X	R	H	B

1. 如果输入 1~7 的整数，相应的输出内容各是什么？

输入	0	1	2	3	4	5	6	7
输出	D							

2. 如果用字符数组 a（或字符串）来存储，各元素的值是多少？

数组元素	a[0]	a[1]	a[2]	a[3]	a[4]	a[5]	a[6]	a[7]
值	'D'							

兔子的辈分

定	国	子	永	祥	瑞	护	邦	定	国	子	永	祥	瑞	护	邦
D	G	Z	Y	X	R	H	B	D	G	Z	Y	X	R	H	B

3. 如果输入 8~15 的整数，输出的内容和数组中哪个元素的值相同？

输入	8	9	10	11	12	13	14	15
输出	D							
数组元素	a[0]	a[ ]	a[ ]	a[ ]	a[ ]	a[ ]	a[ ]	a[ ]
值	'D'							

兔子的辈分

–1 0 1

子永祥瑞护邦定国子永祥瑞护邦定国子永祥瑞护邦定国子永祥瑞护邦定国

Z Y X R H B D G Z Y X R H B D G Z Y X R H B D G Z Y X R H B D G

4. 如果输入 –1~–8 的整数，输出的内容和数组中哪个元素的值一样？

输入	–8	–7	–6	–5	–4	–3	–2	–1
输出								B
数组元素	a[ ]	a[ ]	a[ ]	a[ ]	a[ ]	a[ ]	a[ ]	a[7]
值								'B'

第二关：说一说

编程思路（参考）：

1. 用字符数组（或字符串）保存兔子基础辈分的拼音首字母。
2. 输入兔子的代数 n。
3. 将 n 的值转化为 0~7 的整数。
4. 输出字符数组中相应元素的值。

第三关：编一编

源程序文件名：01-genera.cpp

源程序：

第四关：评一评

1. 对程序的评价。

时间复杂度为__________，最大运算次数约为__________。

2. 对自己的评价。

学习开始时间：__________，学习结束时间：__________。

自己的表现：☆☆☆☆☆

第 2 天　一年中第几天

一天一眨眼，一年一秋寒。狐狸老师不禁感叹：我们总是在反反复复、兜兜转转中迎来春、夏、秋、冬。

输入某年某月某日，请你计算一下这一天是这一年的第几天？

【输入格式】

一行，包含 3 个整数 year、month、day（1980≤year≤2080，1≤month≤12，1≤day≤31），分别表示年、月、日，数与数之间以一个点隔开（保证输入数据合法）。

【输出格式】

一行，一个整数，表示这一天是这一年的第几天。

【输入及输出样例】

输入样例	输出样例
2021.04.05	95

任务闯关·导学达标

第一关：填一填

月份	1	2	3	4	5	6	7	8	9	10	11	12
天数	31	28/29	31	30	31	30	31	31	30	31	30	31

输入 2021.04.05，表示所求的问题为“4 月 5 日是 2021 年的第几天？”

2021 年是（□闰年　□平年），2 月有___天。

所求的天数 =1 月的___天 +2 月的___天 +3 月的___天 +4 月的 5 天。

第二关：说一说

编程思路（参考）：

1. 用数组（如 a）保存平年中每个月的天数。

2. 输入年、月、日。

3. 如果输入的年份是闰年，则 2 月的天数为 29 天（将数组中保存 2 月天数的元素赋值为 29）。

4. 把 1 月到本月前一个月的各个月份的天数累加求和，并加上当月的天数。

第三关：编一编

源程序文件名：02-day.cpp

源程序：

第四关：评一评

1. 对程序的评价。

时间复杂度为__________，最大运算次数约为__________。

2. 对自己的评价。

学习开始时间：__________，学习结束时间：__________。

自己的表现：☆☆☆☆☆

第3天 组队比赛

风之巅小学每年都要组织跳绳比赛，每班都要组队参加，组队的数量不限，但每支队伍必须由3名男生和2名女生组成，同时每班必须派出k名同学（男女不限）作为志愿者维持秩序，其余同学当拉拉队员（拉拉队员可以是0人）。

例如，胡萝卜班有男同学14名，女同学7名，需要派出10名志愿者，则6名男同学和4名女同学组成2支队伍，10名志愿者维持秩序，剩下的1名同学当拉拉队员。

如果胡萝卜班有x名男同学，y名女同学，需要派出k名志愿者，请你算一算，最多能组成多少支队伍参加跳绳比赛？

【输入格式】

一行，包含3个整数x、y、k（1≤x，y≤1000，1≤k≤x+y），分别表示男生人数、女生人数和派出的志愿者人数，数与数之间以一个空格隔开。

【输出格式】

一行，一个整数，表示最多可以组的队伍支数。

【输入及输出样例】

输入样例	输出样例
14 7 10	2

任务闯关·导学达标

第一关：填一填

以样例数据为例，想一想，填一填。

如果仅需 3 个男生便可组一队，14 名男生最多可组 4 队，即男生最多可组队伍的支数为男生人数 ÷3。如果仅需 2 名女生便可组一队，7 名女生最多可组 3 队，即女生最多可组队伍的支数为女生人数 ÷2。如果每支队伍必须由 3 名男生和 2 名女生组成（先不考虑志愿者人数），14 名男生、7 名女生最多可组 3 队，即最多可组队伍的支数为 min（_________，_________）。

3 名男生和 2 名女生组一队，组 3 队后剩余 6 人，剩余的人数小于需派出志愿者的人数，少 4 人，此时需要减少一支队伍。即按 3 男 2 女组最多的队伍后，剩余的人数小于要派出的志愿者人数时，应减少组队支数，减少的数量为 ceil（_________________________________ /5.0）。

第二关：说一说

编程思路（参考）：

1. 输入男生、女生和需派出的志愿者人数。

2. 按 3 男 2 女为一组（先不考虑志愿者人数），计算出当前最多可组队伍的支数。

3. 求出按当前最多可组队伍支数组队后剩余的人数。

4. 如果剩余人数小于需派出的志愿者人数时，则减少相应的组队支数。

5. 输出最多可组队伍的支数。

第三关：编一编

源程序文件名：03-tug.cpp

源程序：

第四关：评一评

1. 对程序的评价。

时间复杂度为__________，最大运算次数约为__________。

2. 对自己的评价。

学习开始时间：__________，学习结束时间：__________。

自己的表现：☆☆☆☆☆

第4天 “垃圾分类我先行”测评活动

垃圾分一分，校园美十分。风之巅小学开展了“垃圾分类我先行”测评活动，活动结束后，学校将对参加测评的班级做出评价。现有n个班参加这个活动，每个班的每一名同学都要进行“垃圾分类”测评，测评结果为“合格”或“不合格”，1表示合格，0表示不合格。如果全班同学都合格，那么这个班的测评结果就是“合格”，否则就是“不合格”。

输入班级数、每班人数及每位同学的测评结果，输出所有班级在这次活动中的测评结果。

【输入格式】

第一行，一个正整数n（1≤n≤100），表示班级数。

接下来是每班的数据，每个班级的数据有两行，第一行一个正整数k（1≤k≤1000），表示这个班参与测评的学生人数，第二行k个整数，每个整数都是0或者1，表示每位同学的测评结果，数与数之间以一个空格隔开。

【输出格式】

共有n行，每行包含一个班级在这次活动中的测评结果。如果该班的测评结果是合格，就输出Qualified，否则就输出Unqualified。

【输入及输出样例】

输入样例	输出样例
2 15 1 1 0 1 1 1 1 1 1 1 1 1 1 1 1 12 1 1 1 1 1 1 1 1 1 1 1 1	Unqualified Qualified

任务闯关 • 导学达标

第一关：填一填

评价规则：某个班只要有 1 名同学的测评结果是不合格的，那这个班的测评结果就是__________的；当且仅当这个班的____________同学测评结果都是合格时，这个班的测评结果才是合格的。

第二关：说一说

编程思路（参考）：

1. 输入班级数。
2. 输入每班的人数及每位同学的测评结果。
3. 依次输出每个班在这次活动中的测评结果。

第三关：编一编

源程序文件名：04-assess.cpp

源程序：

第四关：评一评

1. 对程序的评价。

时间复杂度为_________，最大运算次数约为_________。

2. 对自己的评价。

学习开始时间：_________，学习结束时间：_________。

自己的表现：☆☆☆☆☆

第 5 天　邮件分类

我国的邮政编码采用四级六位数编码结构。前两位数字表示省（直辖市、自治区）；前三位数字表示邮区；前四位数字表示县（市）；最后两位数字表示投递局（所）。例如，北京邮政编码的前两位数字为 10，上海为 20，天津为 30。

格莱尔有来自北京、上海、天津三个城市的朋友写来的 n 封信件，现将这些信件按北京、上海、天津的顺序分类输出，相同城市的信件按原序输出。

【输入格式】

共两行。第一行有一个正整数 n（n≤100），表示信件的数量。第二行是 n 封信件的邮政编码，数与数之间以一个空格隔开。

【输出格式】

Beijing

北京地区的信件编码（以空格相隔，如没有则空着）

Shanghai

上海地区的信件编码（以空格相隔，如没有则空着）

Tianjin

天津地区的信件编码（以空格相隔，如没有则空着）

【输入及输出样例】

输入样例	输出样例
4 101400 200030 102100 101300	Beijing 101400 102100 101300 Shanghai 200030 Tianjin

任务闯关·导学达标

第一关：填一填

以样例数据为例，先用 3 个箱子（数组）分别存放来自 3 个城市的信件（邮编）。

北京					
邮编	—	101400			…
数组 bj	bj[0]	bj[1]	bj[2]	bj[3]	…
上海					
邮编	—				…
数组 sh	sh[0]	sh[1]	sh[2]	sh[3]	…
天津					
邮编	—				…
数组 tj	tj[0]	tj[1]	tj[2]	tj[3]	…

第二关：说一说

编程思路（参考）：

1. 定义 3 个长度为 110 的整型数组。
2. 读入信件的数量 n。
3. 读入 n 个邮编，边读入边判断。
   - 如果邮编的前两位是 10，则存入 bj 数组（北京）。
   - 如果邮编的前两位是 20，则存入 sh 数组（上海）。
   - 如果邮编的前两位是 30，则存入 tj 数组（天津）。
4. 按城市输出邮编。

第三关：编一编

源程序文件名：05-postcode.cpp

源程序：

第四关：评一评

1. 对程序的评价。

时间复杂度为__________，最大运算次数约为__________。

2. 对自己的评价。

学习开始时间：__________，学习结束时间：__________。

自己的表现：☆☆☆☆☆

第6天 名　次

荣誉榜上看荣誉，收获季节谈收获。在刚刚结束的“狼巧杯”编程大赛中，尼克创造了100分的佳绩，是风之巅小学唯一一位获得满分的学生。一般情况下，在比赛时成绩相同名次也是相同的。例如，有4名选手的成绩分别为100、90、60、90分，则100分的选手为第一名，90分的两名选手均为第二名，60分的选手为第四名。

请你编写一个程序，查询某位选手的名次（分数高的选手名次排前面）。

【输入格式】

共三行。

第一行，一个整数n（1≤n≤2000），表示参赛的选手数量。

第二行，n个整数，表示每位选手的成绩（0≤ 成绩 ≤100），数与数之间以一个空格隔开。

第三行，一个整数m，表示要查询名次的选手的成绩。

【输出格式】

一行，包含一个整数，表示该选手的名次。

【输入及输出样例】

输入样例	输出样例
4 100 90 60 90 90	2

任务闯关 • 导学达标

第一关：填一填

定义一个数组（如 int cnt[110]）来统计各个分数的人数，当输入样例数据，下表中数组各元素的值是多少？

分数	100	99	…	90	…	60	…	1	0
数组元素	cnt[100]	cnt[99]	…	cnt[90]	…	cnt[60]	…	cnt[1]	cnt[0]
值			…		…		…		

比 100 分高的人数有_________人，100 分选手的名次为_________。
比 90 分高的人数有_________人，90 分选手的名次为_________。
比 60 分高的人数有_________人，60 分选手的名次为_________。

第二关：说一说

编程思路（参考）：

1. 输入参赛的选手数量 n。
2. 输入每一位选手的成绩，并统计出每一个成绩的人数。
3. 输入要查询名次的选手的成绩 m。
4. 统计出成绩为 100 分 ~m+1 分的人数。
5. 该选手的名次就是 100 分 ~m+1 分的人数加 1。
6. 输出名次。

第三关：编一编

源程序文件名：06-place.cpp

源程序：

第四关：评一评

1. 对程序的评价。

时间复杂度为__________，最大运算次数约为__________。

2. 对自己的评价。

学习开始时间：__________，学习结束时间：__________。

自己的表现：☆☆☆☆☆

第 7 天　等候时间

有 n 艘货船同时到达某港口，此港口只能一船一船地卸货。每艘货船卸货所需的时间是已知的，有一种卸货顺序能使 n 艘货船的等候时间的总和最少？尼克想知道这个最少的等候时间的总和是多少，等候时间为到达港口到开始卸货所需的时间，如第一艘卸货货船的等候时间为 0。

请你帮帮尼克，求出所有货船最少的等候时间之和。

【输入格式】

共两行。

第一行，一个正整数 n（$1 \leqslant n \leqslant 500$），表示货船的数量。

第二行，n 个正整数 x（$1 \leqslant x \leqslant 10^5$），表示每艘货船卸货所需的时间，数与数之间以一个空格隔开。

【输出格式】

一行，一个正整数，表示所有货船最少的等候时间之和。

【输入及输出样例】

输入样例	输出样例
5 1 5 1 2 1	11

任务闯关 • 导学达标

第一关：填一填

1. 以样例数据为例，按输入的顺序排队卸货，算一算每艘货船的等候时间及所有货船的等候时间之和。

序号	1	2	3	4	5
卸货时间	1	5	1	2	1
等候时间	0	1			

此时，所有货船的等候时间之和为__________。

2. 以样例数据为例，让卸货所需时间多的货船排在前面，再算一算每艘货船的等候时间及所有货船的等候时间之和。

序号	1	2	3	4	5
卸货时间	5	2	1	1	1
等候时间	0	5			

此时，所有货船的等候时间之和为__________。

3. 以样例数据为例，让卸货所需时间少的货船排在前面，再算一算每艘货船的等候时间及所有货船的等候时间之和。

序号	1	2	3	4	5
卸货时间	1	1	1	2	5
等候时间	0	1			

此时，所有货船的等候时间之和为__________。

为了让所有货船等候时间之和最少，应采用的策略是____。

第二关：说一说

编程思路（参考）：

1. 输入货船的数量和每艘货船卸货所需的时间。

2. 采用的策略是让卸货时间少的货船排在前面，所需时间多的货船排在后面。按此策略，把每艘货船卸货时间由从小到大排序。

3. 先求出每艘货船的等候时间，再求出所有货船的等候时间之和。

4. 输出所有货船最少的等候时间之和。

第三关：编一编

源程序文件名：07-wait.cpp

源程序：

第四关：评一评

1. 对程序的评价。

时间复杂度为__________，最大运算次数约为__________。

2. 对自己的评价。

学习开始时间：__________，学习结束时间：__________。

自己的表现：☆☆☆☆☆

第8天 接 苹 果

尼克在Scratch中设计了一个接苹果游戏。有n个苹果从屏幕顶部的某一处垂直往下掉，一直掉到屏幕底部，在前一个苹果到达屏幕底部后，下一个苹果才开始往下掉。在屏幕底部有一个篮子，玩家可以左右移动篮子，但不能上下移动。当苹果掉到屏幕底部时，如果篮子正好在相同的地方，则认为该苹果被成功接起。

游戏的目标是用最少的移动步数接起掉下来的苹果。

Scratch舞台中心点的坐标值为（0，0），第一个数代表x坐标，第二个数代表y坐标。x坐标的最小值位于舞台最左端为−240，最大值位于舞台最右端为240。y坐标的最小值位于舞台最下端为−180，最大值位于舞台最上端为180。角色如果向左移动,x坐标值会减少,向右移动x坐标值则会增加。

篮子的初始位置在（x_1，−180），苹果都从坐标（x_2，180）往下掉。

编写一个程序，求出接起所有苹果时，篮子最少的移动步数。

【输入格式】

共三行。

第一行，一个整数x_1（$-240 \leqslant x_1 \leqslant 240$），表示篮子的初始x坐标。

第二行，一个整数n（$1 \leqslant n \leqslant 10^6$），表示苹果的个数。

第三行，n个整数x_2（$-240 \leqslant x_2 \leqslant 240$），表示按照苹果下落顺序描述每个苹果的x坐标，数与数之间以一个空格隔开。

【输出格式】

一行，一个整数，表示接起所有苹果，篮子最少的移动步数。

【输入及输出样例】

输 入 样 例	输 出 样 例
8 4 0 -1 -3 10	24

任务闯关・导学达标

第一关：填一填

以样例数据为例，想一想，填一填。

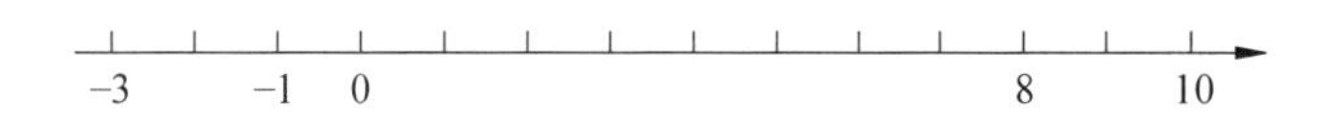

1. 8 到 0 的最短距离为__________。
2. 0 到 −1 的最短距离为__________。
3. −1 到 −3 的最短距离为__________。
4. −3 到 10 的最短距离为__________。
5. 总计移动的最少步数为__________。

第二关：说一说

编程思路（参考）：

1. 输入篮子的初始 x 坐标和苹果的个数 n。
2. 依次输入 n 个苹果的 x 坐标。
3. 求最少的移动步数：按输入顺序求出移动前后两个坐标的最短距离并累加求和。
4. 输出最少的移动步数。

第三关：编一编

源程序文件名：08-apple.cpp

源程序：

第四关：评一评

1. 对程序的评价。

时间复杂度为__________，最大运算次数约为__________。

2. 对自己的评价。

学习开始时间：__________，学习结束时间：__________。

自己的表现：☆☆☆☆☆

第 9 天　刷题夺币

风之巅信息学在线测试平台推出了一项功能，统计同学们每天做题的数量，并奖励相应的童币。其规则如下。

（1）每天做完 3 题可领取 8 童币（若未达到 3 题则领取数量为 0），之后每 2 题领取 1 童币，为了引导同学们适量练习，每天领取的童币数量不能超过 20。

（2）同学们只有单击“领取”后，才能领取当天做题对应的童币。

（3）为了鼓励同学们每天坚持练习，在连续三天单击“领取”后，从第四天开始，每天单击“领取”时领到的童币在原童币数量的基础上再奖励一倍，最多不能超过 40。但之后只要有一天中断点击“领取”，则就要重新开始，连续单击“领取”三天后，第四天时才能继续获得童币加倍的奖励。

编程求出 n 天后某位同学所拥有的童币总数。

【输入格式】

共有 n+1 行。

第一行，包含一个正整数 n（1≤n≤1000），表示天数。

接下来有 n 行，每行两个正整数，分别表示当天该同学是否单击了“领取”及所练的题数（1≤ 题数 ≤100）。0 表示该同学当天未单击“领取”，1 表示该同学当天已单击“领取”，数与数之间以一个空格隔开。

【输出格式】

一行，一个整数，表示 n 天后该同学所拥有的童币总数。

【输入及输出样例】

输 入 样 例	输 出 样 例
7 1 4 1 15 1 40 1 20 1 15 0 99 1 1	102

任务闯关·导学达标

第一关：填一填

以样例数据为例，想一想，填一填。

输入数据	是否已单击"领取"	当前连续单击"领取"的天数	当天获得的童币数量	累计获得的童币总数
1 4	是	1	8	8
1 15				
1 40				
1 20				
1 15				
0 99				
1 1				

第二关：说一说

编程思路（参考）：

1. 输入天数 n。

2. 输入每天"领取"情况及所练的题数，算出当天获得的童币数量，并求出累计获得的童币总数。

3. 输出 n 天后该同学所拥有的童币总数。

第三关：编一编

源程序文件名：09-coin.cpp

源程序：

第四关：评一评

1. 对程序的评价。

时间复杂度为_________，最大运算次数约为_________。

2. 对自己的评价。

学习开始时间：_________，学习结束时间：_________。

自己的表现：☆☆☆☆☆

第 10 天　最长“顺眼串”

尼克觉得像“abcd”“adfz”这样按ASCII码由小到大排列的字符串看上去很顺眼，就把它们称为“顺眼串”，而像“bbb”“addb”“azyf”则不是“顺眼串”。

输入一串字符，找出最长的“顺眼串”，输出它的长度。

【输入格式】

一行，一串仅含小写字母的字符（长度 ≤200）。

【输出格式】

一行，一个整数，表示一个最长“顺眼串”的长度。

【输入及输出样例】

输 入 样 例	输 出 样 例
abcdefghhhhhhahcdefahab	8

任务闯关·导学达标

第一关：填一填

以样例数据为例，想一想，填一填。

序号	0	1	2	3	4	5	6	7
内容	'a'	'b'	'c'	'd'	'e'	'f'	'g'	'h'
当前“顺眼串”长度	1	2						

续表

序号	8	9	10	11	12	13	14	15
内容	'h'	'h'	'h'	'h'	'h'	'h'	'a'	'h'
当前“顺眼串”长度								
序号	16	17	18	19	20	21	22	23
内容	'c'	'd'	'e'	'f'	'a'	'h'	'a'	'b'
当前“顺眼串”长度								

编程思路（参考）：

1. 输入一串字符。

2. 遍历这串字符中的每个字符，求出最长“顺眼串”的长度。

如果当前字符的 ASCII 码大于前一个字符的 ASCII 码，则“顺眼串”的长度加 1；否则，当前“顺眼串”的长度为 1。

求出当前最长“顺眼串”的长度。

3. 输出最长“顺眼串”的长度。

第三关：编一编

源程序文件名：10-str.cpp

源程序：

第四关：评一评

1. 对程序的评价。

时间复杂度为__________，最大运算次数约为__________。

2. 对自己的评价。

学习开始时间：__________，学习结束时间：__________。

自己的表现：☆☆☆☆☆

第 11 天　取　　数

一天，狐狸老师给格莱尔出了一道难题，一个由 n 个 0~9 数字组成的数字串，现规定从第 1 个数字开始从左往右连续取 k 个数字，拼成一个长度为 k 位的数，然后从第 2 个数字开始从左往右连续取 k 个数字，又拼成一个长度为 k 位的数……这样，最后可以得到一定数量的 k 位数。当取不到 k 位数或拼成的数最高位为 0 时除外。最后，将拼成的 k 位数，按由小到大的顺序输出。

格莱尔有点被难住了，你能帮帮她吗?

【输入格式】

共两行。

第一行，两个整数 n，k（1≤k≤15，k≤n≤2000），数与数之间以一个空格隔开。

第二行，n 个 0~9 的数字，数与数之间以一个空格隔开。

【输出格式】

一行，从小到大输出 k 位数，数与数之间以一个逗号隔开。

【输入及输出样例】

输 入 样 例	输 出 样 例
7 3 6 7 0 3 8 4 2	384,670,703,842

任务闯关 • 导学达标

第一关：填一填

以样例数据为例，想一想，填一填。

数串 6，7，0，3，8，4，2 取数开始的位置	是否能拼成一个 k 位数（k=3）	拼成的 k 位数
从第 1 个数开始从左往右连续取 k 个数	能	670
从第 2 个数开始从左往右连续取 k 个数		
从第 3 个数开始从左往右连续取 k 个数		
从第 4 个数开始从左往右连续取 k 个数		
从第 5 个数开始从左往右连续取 k 个数		
从第 6 个数开始从左往右连续取 k 个数		
从第 7 个数开始从左往右连续取 k 个数	不能（取不到 k 位数）	—

由 n 个 0~9 数字组成的数字串，从第 1 个数字开始从左往右连续取 k 个数字，从第 2 个数字开始从左往右连续取 k 个数字，依次取下去，最多可以取____________次。

第二关：说一说

编程思路（参考）：

1. 输入数串的数字个数 n 和每次取数个数 k。

2. 读入数串中的 n 个数字。

3. 以第 1 个位置到 n−k+1 个位置中的每个数依次作为取数的起点，每次从左往右连续取 k 个数字。如果取得的第 1 个数为零，则无法拼成 k 位数，放弃本次取数。如果取得的第 1 个数为非零数字，则拼成一个 k 位数。

4. 把拼成的所有 k 位数，按从小到大的顺序排列。

5. 按从小到大的顺序输出拼成的 k 位数，数与数之间用逗号分隔。

第三关：编一编

源程序文件名：11-numstr.cpp

源程序：

第四关：评一评

1. 对程序的评价。

时间复杂度为__________，最大运算次数约为__________。

2. 对自己的评价。

学习开始时间：__________，学习结束时间：__________。

自己的表现：☆☆☆☆☆

第12天 插入乘号

尼克正在做一道有趣的智力测试题：给你一个用等号连接的式子，如“4096=12832”，请你在等号右边的整数中的某个位置插入一个乘号，使等式成立。如这个式子写成“4096=128*32”，等式就成立了。

小朋友，你能编写一个程序解决这类问题吗？

【输入格式】

一行，包含一个不成立的等式，且等号两边的整数均不超过15位。

【输出格式】

一行，如果存在这样的方案，则输出正确的式子（测试的数据保证答案是唯一的；如果不存在解决方案，则输出 Impossible。

【输入及输出样例】

输 入 样 例	输 出 样 例
4096=12832	4096=128*32

任务闯关·导学达标

第一关：填一填

以样例数据为例，在等号右边的整数中插入一个乘号。

插入乘号位置	拆分后的2个数		算一算	是否等于等号左边的值（4096）
在个位与十位之间	1283	2	1283×2=2566	否
在十位与百位之间				

续表

插入乘号位置	拆分后的 2 个数		算一算	是否等于等号左边的值（4096）
在百位与千位之间				
在千位与万位之间	1	2832	1 × 2832=2832	否

第二关：说一说

编程思路（参考）：

1. 输入等号两侧的两个整数（设左侧为 m，右侧为 n）。

2. 把 n 从右往左依次拆分成两个整数，如果拆分后的两个整数相乘的积等于 m，则输出正确的式子。

3. 枚举所有拆分后，仍未找到正确的结果，则输出 Impossible。

第三关：编一编

源程序文件名：12-sign.cpp

源程序：

第四关：评一评

1. 对程序的评价。

时间复杂度为__________，最大运算次数约为__________。

2. 对自己的评价。

学习开始时间：__________，学习结束时间：__________。

自己的表现：☆☆☆☆☆

第13天 字 母 X

尼克很喜欢用编程的方式写字母，今天他想写大写字母“X”，他是这样设计的：输入整数n，则输出一个高为2n+1行、宽为2n+1列的“X”，同时他希望加上防伪标志（加上n个数字7）。如输入2，则输出一个高为5行、宽为5列的“X”，同时在两处写上7（假设是3行1列、5行4列），如图2.1所示。

*				*
	*		*	
7		*		
	*		*	
*			7	*

图 2.1

你能编写一个程序解决这个问题吗？

【输入格式】

共n+1行。

第一行，包含一个整数n（1≤n≤20）。

接下来n行，每行两个整数r、c（1≤r，c≤2n+1），表示7出现位置的行号、列号，数与数之间以一个空格隔开。

【输出格式】

共 2n+1 行，包含由“*”拼成的字母 X 和 n 个数字 7。注意，第一行第一个“*”左侧无多余空格。

【输入及输出样例】

输入样例	输出样例
2	`*   *`
3 1	` * *`
5 4	`7 *`
	` * *`
	`*  7*`

任务闯关・导学达标

第一关：填一填

假设用一个二维数组 a 来保存图 2.2 中的信息，左上角到右下角对角线上的数组元素分别是 a[1][1]、a[2][2]、__________、__________、__________。右上角到左下角对角线上的数组元素分别是 a[1][5]、a[2][4]、__________、__________、__________。

	1	2	3	4	5
1	*				*
2		*		*	
3			*		
4		*		*	
5	*				*

图 2.2

左上角到右下角对角线上的元素	行号	列号	行号与列号之间的关系
a[1][1]	1	1	
a[2][2]	2	2	
a[3][3]			
a[4][4]			
a[5][5]			

右上角到左下角对角线上的元素	行号	列号	行号与列号之间的关系
a[1][5]	1	5	
a[2][4]	2	4	
a[3][3]			
a[4][2]			
a[5][1]			

第二关：说一说

编程思路（参考）：

1. 读入整数 n。

2. 标记大写字母“X”：遍历 2n+1 行 2n+1 列数组，将左上角到右下角、右上角到左下角对角线上的元素标记为 1。

3. 标记防伪标志：将指定行、指定列的元素标记为 7。

4. 输出大写字母“X”和防伪标志。

遍历二维数组的所有元素：

如果当前元素的值为 1，则输出“*”；否则，如果当前元素的值为 7，则输出 7；否则输出一个空格。

第三关：编一编

源程序文件名：13-letters.cpp

源程序：

第四关：评一评

1. 对程序的评价。

时间复杂度为_________，最大运算次数约为_________。

2. 对自己的评价。

学习开始时间：_________，学习结束时间：_________。

自己的表现：☆☆☆☆☆

第 14 天 听指挥的小兔

尼克迫不及待地要跟格莱尔分享一个他刚刚解锁的新技能——一只听指挥的小兔。小兔能按照指令行走，当按下 F 键或 f 键时，前向直走一格；当按下 L 键或 l 键时，左转并向前移动一格；当按下 R 键或 r 键时，右转并向前移动一格；当按下 # 键时，小兔停止移动。当按下其他键时不做任何处理。

小兔初始位置在（0，0）坐标，初始方向朝东（E），问通过一系列的操作后，小兔的坐标在哪里？朝向哪个方向？

【输入格式】

输入一串以“#”结尾的字符串，字符串长度不超过 200。

【输出格式】

共两行。

第一行，一个坐标（x，y），表示小兔停止的坐标。

第二行，一个大写字母，表示此时小兔面对的方向。E 表示东方，S 表示南方，W 表示西方，N 表示北方。

【输入及输出样例】

输 入 样 例	输 出 样 例
FFRRLL#	(2,-2) E

任务闯关 • 导学达标

第一关：填一填

以样例数据为例，想一想，填一填（用字符数组 dir 保存 4 个方向）。

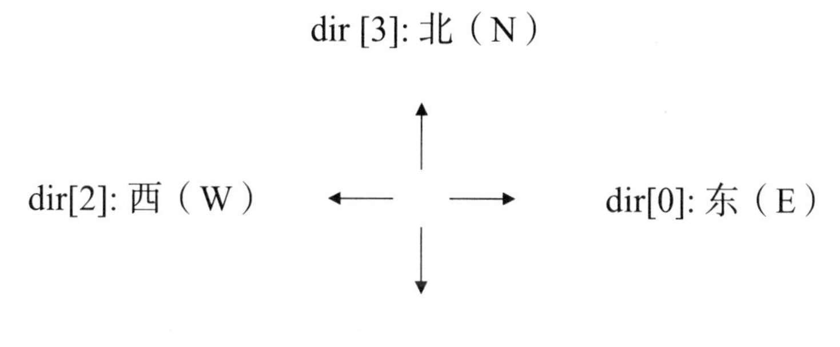

指令	指 令 含 义	方	向	坐标	备注
		dir [0]	东（E）	（0，0）	初始位置
'F'	前向直走一格	dir [0]	东（E）	（1，0）	
'F'	前向直走一格	dir [0]	东（E）	（2，0）	
'R'	右转并向前移动一格				
'R'	右转并向前移动一格				
'L'	左转并向前移动一格				
'L'	左转并向前移动一格				
'#'	停止移动				

如果小兔朝东方，移动一格，则 x 轴坐标加 1。

如果小兔朝南方，移动一格，则 __________。

如果小兔朝西方，移动一格，则 __________。

如果小兔朝北方，移动一格，则 __________。

编程思路（参考）：

1. 初始化小兔的坐标、朝向。

2. 遍历所有指令，根据不同的输入指令，执行相应的操作（先确定方向，再移动）。

3. 输出坐标及朝向。

源程序文件名：14-kitten.cpp

源程序：

第四关：评一评

1. 对程序的评价。

时间复杂度为__________，最大运算次数约为__________。

2. 对自己的评价。

学习开始时间：__________，学习结束时间：__________。

自己的表现：☆☆☆☆☆

第 15 天　最多的通话次数

手机是最常用的通信工具，尼克和格莱尔有事没事都会打个电话问候一声。

现输入一次通话中两位朋友的姓名，请编程统计一下通话次数最多的人的通话次数是多少。

【输入格式】

共 n+1 行。

第一行，一个正整数 n（1≤n≤1000），表示有 n 对朋友通过话。

接下来 n 行，每行都有两个用空格隔开的姓名，表示通过话的一对朋友。每个人的姓名仅由小写英文字母组成，不含空格，且 1≤ 姓名的长度 ≤15。

【输出格式】

一行，通话次数最多的人的通话次数。

【输入及输出样例】

输 入 样 例	输 出 样 例
4 nike gelair nike mani gelair mani nike dili	3

任务闯关・导学达标

第一关：填一填

以样例数据为例，想一想，填一填。

姓名	1	2	3	4	累计通话次数
nike	√				
gelair	√				
mani					
dili					

第二关：说一说

编程思路（参考）：

1. 定义一个结构体数组，内含姓名、通话次数 2 个成员。
2. 输入通话朋友的对数 n。
3. 输入每对朋友的姓名，统计每个人的通话次数。
4. 输出通话次数最多的人的通话次数。

第三关：编一编

源程序文件名：15-call.cpp

源程序：

第四关：评一评

1. 对程序的评价。

时间复杂度为__________，最大运算次数约为__________。

2. 对自己的评价。

学习开始时间：__________，学习结束时间：__________。

自己的表现：☆☆☆☆☆

第16天　末尾零的个数

用编程解决数学问题是风之巅小学的一种新时尚。现有一道数学题：已知两个正整数 a 和 b（a≤b），a 到 b 之间（包含 a、b）所有的整数相乘可以得到一个积，求这个积末尾从个位开始有多少个连续的 0。

如 a=1，b=10， 那 么 1×2×3×4×5×6×7×8×9×10=3628800， 积 3628800 的末尾从个位开始有 2 个连续的 0。

小朋友,你能编写一个程序解决这个问题吗?

【输入格式】

一行，包含两个正整数 a 和 b（$1 \leqslant a \leqslant b \leqslant 10^5$），数与数之间以空格分隔。

【输出格式】

一行，一个整数，表示积末尾从个位开始连续 0 的个数。

【输入及输出样例】

输 入 样 例	输 出 样 例
1　10	2

任务闯关 • 导学达标

```
#include <bits/stdc++.h>
```

```
using namespace std;
int main()
{
    int i;
    long long s = 1;
    for(i = 1; i <= 20; i++)
        s = s * i;
    printf("%lld\n", s);
    return 0;
}
```

运行上面这个程序，可以得到从 1 累乘到 20 的积，其值为 2432902008176640000，约为___ $\times 10^{18}$。超长整型数据可存储的最大数据约为 1.8×10^{19}，如果 s 的值再乘以 21，其值就超出了超长整型数据可存储的最大值，就会发生数据_______。先把所有的数相乘求积，再数一数这个积末尾从个位开始连续 0 的个数，这样的方案是_________________。

两个正整数相乘，每个数可以拆分成多个质因子相乘，而质因子相乘结果尾数为 0 的，只可能是 2×5。因此，两个数相乘尾数 0 的个数其实依赖于质因子 2 和 5 成对的个数。

正　整　数	质因子 2 的个数	质因子 5 的个数	备　　注
1	0	0	
2	1	0	
3			
4			
5			
6			
7			
8			
9			
10			
累计			
质因子 2 和 5 的成对的数量			
积末尾从个位开始连续 0 的个数			

第二关：说一说

编程思路（参考）：

1. 输入正整数 a 和 b。
2. 统计从 a 到 b（包含 a、b）的每一个整数中包含质因子 2 和 5 的个数。
3. 输出积末尾从个位开始连续 0 的个数（质因子 2 和 5 的成对的数量）。

第三关：编一编

源程序文件名：16-cnt.cpp

源程序：

第四关：评一评

1. 对程序的评价。

时间复杂度为__________，最大运算次数约为__________。

2. 对自己的评价。

学习开始时间：__________，学习结束时间：__________。

自己的表现：☆☆☆☆☆

第 17 天 “如意”价值

狐狸老师有 n 个宝盒，其编号依次为 1 到 n，每个宝盒里有 m 件宝贝。每件宝贝上都标有一个数字，如果这个数字能被 6 整除，那么这件宝贝就称为“如意”宝贝，这个数字就是这件宝贝的“如意”价值（非“如意”宝贝的“如意”价值为 0），这个宝盒里所有宝贝的“如意”价值之和就是这个宝盒的“如意”价值。如 2 号宝盒里有 4 件宝贝，宝贝上贴的数字分别为 1、6、24、21，其中有 2 件宝贝是“如意”宝贝，分别为 6 和 24，则 2 号宝盒的“如意”价值为 6+24=30。

请你编写一个程序，找出“如意”价值最高的宝盒。

【输入格式】

共 n+1 行。

第一行，包含两个正整数 n 和 m（1≤m，n≤100），分别表示宝盒数和每个宝盒中宝贝的件数，数与数之间以一个空格隔开。

接下来 n 行，每行有 m 个整数，分别是每件宝贝上标着的数字（1≤宝贝数字 ≤10^{15}），数与数之间以一个空格隔开。

【输出格式】

一行，一个正整数，表示“如意”价值最高的宝盒编号（如果有多个宝盒的“如意”价值相同，则输出最小的编号）。

【输入及输出样例】

输 入 样 例	输 出 样 例
2 4 100 103 52 7 1 6 24 21	2

任务闯关·导学达标

第一关：填一填

以样例数据为例，想一想，填一填。

宝　盒		第 1 个宝贝	第 2 个宝贝	第 3 个宝贝	第 4 个宝贝	宝盒的“如意”价值
1 号盒	标记的数字	100	103	52	7	
	“如意”价值					
2 号盒	标记的数字	1	6	24	21	
	“如意”价值					

第二关：说一说

编程思路（参考）：

1. 给全部宝盒的最高“如意”价值和编号赋初值。

2. 输入宝盒数和每个宝盒中宝贝的件数。

3. 求出每个宝盒的“如意”价值，并记录“如意”价值最高的宝盒编号和价值：

当前宝盒“如意”价值清零。

遍历宝盒中的每件宝贝，如果是“如意”宝贝，则累加当前的“如意”价值。

通过比较，记录到当前为止“如意”价值最高的宝盒编号和价值。

4. 输出所有宝盒中“如意”价值最高的编号。

第三关：编一编

源程序文件名：17-value.cpp

源程序：

第四关：评一评

1. 对程序的评价。

时间复杂度为__________，最大运算次数约为__________。

2. 对自己的评价。

学习开始时间：__________，学习结束时间：__________。

自己的表现：☆☆☆☆☆

第18天 IP 地址

因特网中的每台主机均被分配了一个在全球范围内唯一的地址，即 IP 地址。IPv4 地址是由 32 位二进制数表示的，如“11000000101010000000000000000001”。为了方便人们记忆与使用，把这 32 位二进制数每 8 个一段用“.”隔开，再把每一段二进制数转换成一个十进制数，这种 IP 地址的表示方法叫作“点分十进制表示法”。于是，上面的 IP 地址可以表示为“192.168.0.1”。

【输入格式】

一行，包含一个待转换的二进制串（32 位，只含 0 或 1）。

【输出格式】

一行，一个转换后的“点分十进制表示法”的 IP 地址。

【输入及输出样例】

输入样例	输出样例
11000000101010000000000000000001	192.168.0.1

任务闯关·导学达标

第一关：填一填

将下列二进制数转换为十进制数。

$(0)_2=(\quad\quad)_{10}$　　$(1)_2=(\quad\quad)_{10}$

$(10)_2=(\quad\quad)_{10}$　　$(100)_2=(\quad\quad)_{10}$

$(1000)_2=(\quad\quad)_{10}$　　$(10000)_2=(\quad\quad)_{10}$

$(11000000)_2=(\quad\quad)_{10}$　　$(11111111)_2=(\quad\quad)_{10}$

第二关：说一说

编程思路（参考）：

1. 读入待转换的二进制串，存入字符数组中。
2. 取出数组中下标为 0~7 的元素，将这段二进制数转换成一个十进制数。
3. 取出数组中下标为 8~15 的元素，将这段二进制数转换成一个十进制数。
4. 取出数组中下标为 16~23 的元素，将这段二进制数转换成一个十进制数。
5. 取出数组中下标为 24~31 的元素，将这段二进制数转换成一个十进制数。
6. 输出“点分十进制表示法”的 IP 地址。

第三关：编一编

源程序文件名：18-ip.cpp

源程序：

第四关：评一评

1. 对程序的评价。

时间复杂度为__________，最大运算次数约为__________。

2. 对自己的评价。

学习开始时间：__________，学习结束时间：__________。

自己的表现：☆☆☆☆☆

第19天 最佳位置

风之巅小学胡萝卜班的小朋友进行了一次充满乐趣的夺金币游戏。他们面前画有一个r行c列的方格，在某些格子上摆有1枚金币，如果小朋友站在x行y列，则可以拿到x行上及y列上所有的金币。

请你找出可以拿到最多金币的最佳位置。

【输入格式】

共n+1行。

第一行，包含3个正整数r、c、n（1≤r≤100，1≤c≤100），其中r、c分别表示这个方格的行数与列数，n表示n（1≤n≤10000）个方格中有金币，数与数之间以一个空格隔开。

接下来n行，每行两个正整数x、y，表示第x行的第y列有一枚金币，数与数之间以一个空格隔开。

【输出格式】

共两行。

第一行，一个整数，表示最多可以拿到的金币数。

第二行，两个正整数，表示小朋友所在的最佳位置（行号与列号），如果有不同方案，则输出行号与列号最小的方案，数与数之间以逗号隔开。

【输入及输出样例】

输入样例	输出样例
5 4 7 1 3 2 1 2 3	5 2,3

续表

输 入 样 例	输 出 样 例
2 4 3 2 4 4 5 3	

任务闯关·导学达标

第一关：填一填

以图 2.3 中的样例数据为例，想一想，填一填。

		1	
1		1	1
	1		
			1
		1	

图 2.3

样例输入	1 行	2 行	3 行	4 行	5 行	1 列	2 列	3 列	4 列
1 3	+1							+1	
2 1		+1				+1			
2 3									
2 4									
3 2									
4 4									
5 3									
合计									
最多的行 最多的列 打“√”									

第二关：说一说

编程思路（参考）：

1. 输入行数 r、列数 c、有金币的格子数 n。

2. 依次输入 n 对行号 x 和列号 y，将 x 行 y 列单元格上的金币数标记为 1，同时将 x 行上的金币数加 1，将 y 列上的金币数加 1。

3. 找出金币最多的行和金币最多的列。

4. 求出最多可以拿到的金币数并输出，同时输出小朋友所在的最佳位置。

第三关：编一编

源程序文件名：19-site.cpp

源程序：

```

```

第四关：评一评

1. 对程序的评价。

时间复杂度为__________，最大运算次数约为__________。

2. 对自己的评价。

学习开始时间：__________，学习结束时间：__________。

自己的表现：☆☆☆☆☆

第 20 天　蛋糕装盒

格莱尔的妈妈做了 x 个蛋糕，现有 y 个蛋糕盒可以包装。一个容量为 v 的蛋糕盒能装入体积不超过 v 的蛋糕，一个蛋糕只能用一个蛋糕盒来装，一个蛋糕盒只能用来装一个蛋糕。买一个蛋糕盒的价格由蛋糕盒的容量决定，容量为 v 的蛋糕盒的价格为 v。

请你帮格莱尔的妈妈算一算，怎样花最少的钱把 x 个蛋糕全部装盒。

【输入格式】

共三行。

第一行，两个正整数 x 和 y（$1 \leqslant x, y \leqslant 10^5$），分别表示需要包装的蛋糕个数和现有蛋糕盒的个数。

第二行，x 个正整数，依次表示每个蛋糕的体积，数与数之间以一个空格隔开。

第三行，y 个正整数，依次表示每个蛋糕盒的容量，数与数之间以一个空格隔开。

【输出格式】

一行，一个整数。如果能将所有的蛋糕装入已有的盒子，则输出用掉的蛋糕盒所花的最少钱数；如果无法将所有的蛋糕装入 y 个盒子，则输出 -1。

【输入及输出样例】

输入样例	输出样例
3 4 10 1 5 1 8 11 5	17

任务闯关·导学达标

第一关：填一填

花最少的钱把全部蛋糕装入蛋糕盒所采用的策略：为每个蛋糕寻找可装入的最小蛋糕盒。

1. 以样例数据为例，把蛋糕的体积、蛋糕盒的容量分别由小到大排序后如下：

1 5 10

1 5 8 11

体积为 1 的蛋糕，装入容量为______的蛋糕盒。

体积为 5 的蛋糕，装入容量为______的蛋糕盒。

体积为 10 的蛋糕，装入容量为______的蛋糕盒。

输出 17。

2. 如果输入的数据为：

4 3

1 2 4 5

10 1 5

此时，蛋糕的个数为___，蛋糕盒的个数为___，蛋糕的个数____蛋糕盒的个数，则无法将所有的蛋糕装入。

输出 -1。

3. 如果输入的数据为：

3 4

10 15 5

1 8 11 5

把蛋糕的体积、蛋糕盒的容量分别由小到大排序后如下：

5 10 15

1 5 8 11

体积为 5 的蛋糕，装入容量为______的蛋糕盒。

体积为 10 的蛋糕，装入容量为______的蛋糕盒。

体积为 15 的蛋糕，______蛋糕盒可以装。

输出 −1。

编程思路（参考）：

1. 输入蛋糕个数、蛋糕盒个数。

2. 如果蛋糕个数大于蛋糕盒个数，则无法将所有的蛋糕装入蛋糕盒，输出 −1，程序结束。

3. 输入每个蛋糕的体积、每个蛋糕盒的容量。

4. 排序：将蛋糕的体积由小到大排序，将蛋糕盒的容量由小到大排序。

5. 用两个指针分别指向第 1 个蛋糕和第 1 个蛋糕盒。

6. 移动指针，给每个蛋糕寻找最匹配的蛋糕盒，求出其价格。

7. 如果所有的蛋糕都能装入蛋糕盒则输出价格，否则输出 −1。

源程序文件名：20-pack.cpp

源程序：

第四关：评一评

1. 对程序的评价。

时间复杂度为__________，最大运算次数约为__________。

2. 对自己的评价。

学习开始时间：__________，学习结束时间：__________。

自己的表现：☆☆☆☆☆

第 21 天　分　组

风之巅小学迎来了一场别开生面的“运宝”活动，在某个神秘花园里，按前后顺序摆放着一批神秘物品，每个神秘物品都有一个神秘指数。为了搬运这批神秘物品，要求对它们进行分组。分组时不能移动神秘物品的前后顺序，必须选择连续的一段，分组后要求每组的神秘指数和相同，且让每组的神秘指数和尽量小。

请问分组后每组的神秘指数和最小是多少？

【输入格式】

共两行。

第一行，一个正整数 n（1≤n≤1000），表示神秘物品的数量。

第二行，n 个正整数 a（1≤a≤100），分别表示每个物品的神秘指数值，数与数之间以一个空格隔开。

【输出格式】

一行，一个整数，表示分组后每组最小的神秘指数和。

【输入及输出样例】

输 入 样 例	输 出 样 例
4 1 5 2 8	8

任务闯关・导学达标

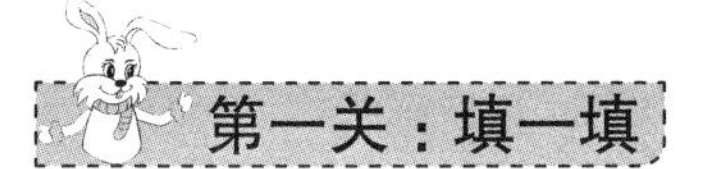

第一关：填一填

1. 输入下列数据时，如何分组？

4

1 5 2 8

物品的数量为 4，单个物品的最大神秘指数为 8，所有物品的神秘指数和为 16，按问题描述的规则可以分成 2 组，分组后最小的每组神秘指数和为 8。即组 1：1，5，2，组 2：8。

2. 输入下列数据时，如何分组？

6

5 2 1 3 9 2

物品的数量为 6，单个物品的最大神秘指数为 9，所有物品的神秘指数和为____，按问题描述的规则可以分成____组，分组后每组最小神秘指数和为____。即组 1：5，2，1，3，组 2：9，2。

3. 输入下列数据时，如何分组？

5

1 2 3 4 7

物品的数量为____，单个物品的最大神秘指数为____，所有物品的神秘指数和为____，按问题描述的规则可以分成 1 组，分组后每组最小神秘指数和为 17。即全部数据为 1 组。

按问题描述的规则分组，这个最小的每组神秘指数和介于单个物品的最大神秘指数与____________________之间。

编程思路（参考）：

1. 输入物品的数量 n。

2. 输入每个物品的神秘指数，并求出单个物品的最大神秘指数及所有物品神秘指数之和。

3. 从小到大枚举分组后每组相同的神秘指数之和，并尝试找到最小的每组神秘指数和。

4. 输出最小的每组神秘指数和。

第三关：编一编

源程序文件名：21-group.cpp

源程序：

第四关：评一评

1. 对程序的评价。

时间复杂度为_________，最大运算次数约为_________。

2. 对自己的评价。

学习开始时间：_________，学习结束时间：_________。

自己的表现：☆☆☆☆☆

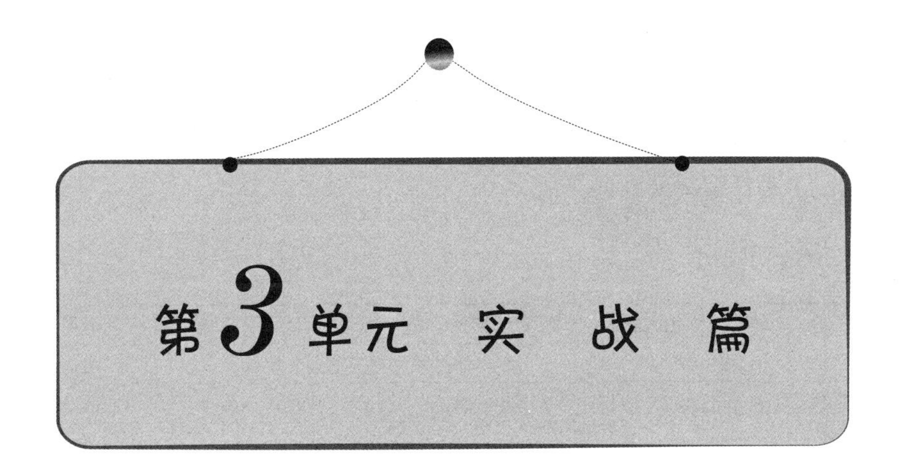

第3单元 实战篇

郎平说:“女排精神不是赢得冠军,而是有时候知道不会赢,也竭尽全力;是你一路虽走得摇摇晃晃,但站起来抖抖身上的尘土,依旧眼中坚定。人生不是一定会赢,而是努力去赢。”

参加编程比赛,不是为了赢得冠军,而是要学会坚持不懈,努力拼搏。一次比赛,就是一次历练,一次提升。重在参与,重在过程,重在成长。

编程,是使人变努力、变聪明的游戏。

模 拟 卷 一

（请选手务必仔细阅读本页内容。）

一、题目概况

中文题目名称	体育老师的数串	数学老师的钥匙	英语老师的单词	信息老师的前缀和
英文题目名称	pattern.cpp	keys.cpp	words.cpp	psum.cpp
可执行文件名	pattern.exe	keys.exe	words.exe	psum.exe
输入文件名	pattern.in	keys.in	words.in	psum.in
输出文件名	pattern.out	keys.out	words.out	psum.out
测试点时限	1 秒	1 秒	1 秒	1 秒
测试点数目	10	10	10	10
测试点分值	10	10	10	10
比较方式	全文比较	全文比较	全文比较	全文比较
运行内存上限	256MB	256MB	256MB	256MB

二、注意事项

1. 文件名（程序名和输入输出文件名）必须使用英文小写。

2. 若选手编号为 ZJ-00001，题目名称分别为 pattern、keys、words、psum，则文件目录如图 3.1 所示：每个文件夹中放对应的程序，如 pattern 文件夹中放 pattern.cpp。

3. C/C++ 中函数 main() 的返回值类型必须是 int，程序正常结束时的返回值必须是 0。

› 此电脑 › D: (D:) › ZJ-00001
名称
pattern
keys
words
psum

图 3.1

4. 使用文件输入输出方式。

例如，题目文件输入为 pattern.in，输出为 pattern.out。

需要包含头文件：#include <cstdio>。

文件重定向语句一般加在 main() 函数的开始。

```
int main()
{
    freopen("pattern.in", "r", stdin);
    freopen("pattern.out", "w", stdout);
    //其他程序代码
    fclose(stdin);
    fclose(stdout);
    return 0;
}
```

1. 体育老师的数串

【问题描述】

数学老师生病了，学校安排体育老师代课，体育老师为了考查同学们的观察力，他在黑板上写了这样一串数字：1，2，3，4，5，6，7，8，2，2，3，4，5，6，7，8，3，2，3，4，5，6，7，8，…，100，2，3，4，5，6，7，8…

请问这串数字中第 n 个到底是几，你能算出来吗?

【输入文件】

输入文件 pattern.in。

一行，一个正整数 n（$1 \leqslant n \leqslant 10^6$），表示尼克想知道这串数字中的第 n 个是几。

【输出文件】

输出文件 pattern.out。

一行，一个正整数，即这串数字中第 n 个数字。

【输入及输出样例】

输 入 样 例	输 出 样 例
9	2

2. 数学老师的钥匙

【问题描述】

“寻宝哈哈乐”是风靡风之巅校园的益智游戏，进入每一关之前都要玩家先输入一个正整数 n，屏幕上会出现一个 n×n 的数字方阵，该方阵主对角线与副对角线上数字之和，就是打开宝藏的钥匙。

如，n=4 时可以得到的数字方阵如下：

```
 1  2  3  4
 8  7  6  5
 9 10 11 12
16 15 14 13
```

此时主对角线与副对角线上数字之和为 1+7+11+13+4+6+10+16=68，打开宝藏的钥匙便是 68。

【输入文件】

输入文件 keys.in。

一行，一个正整数 n（1≤n≤100）。

【输出文件】

输出文件 keys.out。

一行，一个正整数（主对角线与副对角线上数字之和）。

【输入及输出样例】

输 入 样 例	输 出 样 例
4	68

3. 英语老师的单词

【问题描述】

为了参加“我爱记单词”比赛，尼克很拼命，每天都要记 n 个单词。他在记单词时，总是先记长度长的单词，再记长度短的单词，如果两个单词的长度一样，则先记写在前面（即先输入）的单词，再记写在后面的单词。请你编写一个程序，把这些单词按尼克记单词的顺序排好并输出，同时统计出单词的个数。

尼克所记的所有单词仅由 26 个英文小写字母构成，单词的长度就是这个单词中字母的总个数。

【输入文件】

输入文件 words.in。

输入要记的单词，每行一个，每个单词的长度不超过 255，单词个数不超过 1000。

【输出文件】

输出文件 words.out。

第一行，一个整数，表示单词的个数。

接下来输出排序后的单词，每行输出一个。

【输入及输出样例】

输 入 样 例	输 出 样 例
if else for break	4 break else for if

4. 信息老师的前缀和

【问题描述】

运用前缀和思想进行数据预处理，能够避免数据的重复计算，且大大降低了算法的时间复杂度。这天，狐狸老师想考一考大家对前缀和的掌握情况，于是出了一道题：求 a~b 之间 1 出现的次数。

【输入文件】

输入文件 psum.in。

共 n+1 行。

第一行，一个整数 n（$1 \leqslant n \leqslant 10^5$），表示查询次数。

接下来的 n 行，每行包含两个整数 a 和 b（$1 \leqslant a < b \leqslant 10^5$），数与数之间以一个空格隔开。

【输出文件】

输出文件 psum.out。

n 行，每行一个整数，分别表示每次询问时 1 出现的次数。

【输入及输出样例】

输 入 样 例	输 出 样 例
3	2
1 10	1
20 30	13
100 110	

模 拟 卷 二

（请选手务必仔细阅读本页内容。）

一、题目概况

中文题目名称	最标准的苹果	最少的票数	最长的达标天数	最小的总高度
英文题目名称	apples.cpp	vote.cpp	day.cpp	high.cpp
可执行文件名	apples.exe	vote.exe	day.exe	high.exe
输入文件名	apples.in	vote.in	day.in	high.in
输出文件名	apples.out	vote.out	day.out	high.out
测试点时限	1 秒	1 秒	1 秒	1 秒
测试点数目	10	10	10	10
测试点分值	10	10	10	10
比较方式	全文比较	全文比较	全文比较	全文比较
运行内存上限	256MB	256MB	256MB	256MB

二、注意事项

1. 文件名（程序名和输入 / 输出文件名）必须使用英文小写字母。

2. 若选手编号为 ZJ-00001，题目名称分别为 apples、vote、day、high，则文件目录如图 3.2 所示：每个文件夹中存放对应的程序文件，如 apples 文件夹中放 apples.cpp。

> 此电脑 > D: (D:) > ZJ-00001
名称
apples
vote
day
high

图 3.2

3. C/C++ 中函数 main() 的返回值类型必须是 int，程序正常结束时的返回值必须是 0。

4. 使用文件输入 / 输出方式。

例如，题目文件输入为 apples.in，输出为 apples.out。

需要包含头文件：#include <cstdio>。

文件重定向语句一般加在 int main() 函数的开始。

```
int main()
{
    freopen("apples.in", "r", stdin);
    freopen("apples.out", "w", stdout);
    // 其他程序代码
    fclose(stdin);
    fclose(stdout);
    return 0;
}
```

1. 最标准的苹果

【问题描述】

水果市场正在举行最标准苹果评选活动，质量大于或等于 k−2 且小于或等于 k+2 的苹果称为最标准的苹果。现知道某个苹果的质量 n，请你判断是否是最标准的苹果。

【输入文件】

输入文件 apples.in

共两行。

第一行，一个整数 k（$1 \leqslant k \leqslant 10^3$），表示最标准的苹果的质量。

第二行，一个整数 n（$1 \leqslant n \leqslant 10^3$），表示某个苹果的质量。

【输出文件】

输出文件 apples.out。

一行。如果是最标准的苹果，则输出 Yes；否则输出 No。

【输入及输出样例】

输 入 样 例	输 出 样 例
6 10	No

2. 最少的票数

【问题描述】

尼克参加风之巅小学大队委竞选，风之巅小学一共有 n 个班，如果超过一半的班级支持尼克，那他将成为风之巅小学新一届的大队委。每个班投支持票还是反对票由每个班的同学投票决定，若这个班超过一半的同学投支持票，那么这个班就投支持票。

例如，有 3 个班，一班 41 人，二班 45 人，三班 35 人，那么至少需要 39 人投支持票（即一班 21 人，三班 18 人），尼克才能成为大队委。

已知班级数和每班人数（班级数、每班人数均为奇数），计算至少多少人投支持票，尼克才能成为新一届大队委。

【输入文件】

输入文件 vote.in。

共两行。

第一行，一个整数 n（$1 \leqslant n \leqslant 21$），表示班级数。

第二行，共 n 个整数，分别表示每班的人数（1≤ 人数 ≤45），数与数之间以一个空格隔开。

【输出文件】

输出文件 vote.out。

一行，一个整数，表示尼克要成为新一届大队委投支持票至少的人数。

【输入及输出样例】

输 入 样 例	输 出 样 例
3 41 45 35	39

3. 最长的达标天数

【问题描述】

为了让大家从书籍中汲取营养，接受文学熏陶，充实文化底蕴，提升文化品位，风之巅小学举行“天天阅读”活动。狐狸老师要求同学们每天阅读 k 页以上（大于 k）的书，现知道尼克 n 天每天阅读的页数，求尼克连续完成阅读任务的最长天数。

【输入文件】

输入文件 day.in。

共两行。

第一行，两个整数 n、k（$1 \leqslant n \leqslant 10^5$，$1 \leqslant k \leqslant 10^3$），分别表示天数 n 和每天需要阅读的页数 k，数与数之间以一个空格隔开。

第二行，n 个整数，表示尼克 n 天实际各天阅读的页数（$1 \leqslant$ 页数 $\leqslant 10^3$），数与数之间以一个空格隔开。

【输出文件】

输出文件 day.out。

一行，一个整数，表示尼克连续完成阅读任务（大于 k 页）的最长天数。

【输入及输出样例】

输 入 样 例	输 出 样 例
10 5 6 5 8 8 1 5 9 9 9 9	4

4. 最小的总高度

【问题描述】

格莱尔有一个魔法书架，书架的层数无限多，但每一层最多只能放k本书（不考虑书的厚度）。每层的有效高度由放在这层中最高的那本书决定。如果某一层不放书，则认为这层的有效高度为0。格莱尔想：如果将n本书放入书架，每层最多放k本，让有效的总高度尽可能的小，这个最小总高度是多少？

【输入文件】

输入文件 high.in。

共两行。

第一行，2个正整数n和k，表示有n（$1 \leqslant n \leqslant 10^5$）本书，每层最多可以放k（$1 \leqslant k \leqslant 10^5$）本，数与数之间以一个空格隔开。

第二行，n个正整数，分别表示每本书的高度（每本书的高度不超过100），数与数之间以一个空格隔开。

【输出文件】

输出文件 high.out。

一行，一个整数，最小的总高度。

【输入及输出样例】

输 入 样 例	输 出 样 例
6 5 3 4 2 6 5 1	7

模 拟 卷 三

（请选手务必仔细阅读本页内容。）

一、题目概况

中文题目名称	吃萝卜	切萝卜	种萝卜	拔萝卜
英文题目名称	eat.cpp	cut.cpp	plant.cpp	score.cpp
可执行文件名	eat.exe	cut.exe	plant.exe	score.exe
输入文件名	eat.in	cut.in	plant.in	score.in
输出文件名	eat.out	cut.out	plant.out	score.out
测试点时限	1 秒	1 秒	1 秒	1 秒
测试点数目	10	10	10	10
测试点分值	10	10	10	10
比较方式	全文比较	全文比较	全文比较	全文比较
运行内存上限	256MB	256MB	256MB	256MB

二、注意事项

1. 文件名（程序名和输入输出文件名）必须使用英文小写。

2. 若选手编号为 ZJ-00001，题目名称分别为 eat、cut、plant、score，则文件目录如图 3.3 所示：每个文件夹中放对应的程序，如 eat 文件夹中放 eat.cpp。

> 此电脑 > D: (D:) > ZJ-00001 >
名称
eat
cut
plant
score

图 3.3

3. C/C++ 中函数 main() 的返回值类型必须是 int，程序正常结束时的返回值必须是 0。

4. 使用文件输入输出方式。

例如，题目文件输入为 eat.in，输出为 eat.out。

需要包含头文件：#include <cstdio>。

文件重定向语句一般加在 int main() 函数的开始：

```
int main()
{
    freopen("eat.in", "r", stdin);
    freopen("eat.out", "w", stdout);
    //其他程序代码
    fclose(stdin);
    fclose(stdout);
    return 0;
}
```

1. 吃　萝　卜

【问题描述】

尼克爱吃胡萝卜，周一至周五每天上午吃 4 根下午吃 2 根，周六上午吃 2 根，周六下午和周日不吃，尼克吃一根胡萝卜需要 3 分钟。如果从周一开始算起，n 天中吃胡萝卜一共花了多少分钟？

【输入文件】

输入文件 eat.in。

一行，一个正整数 n（1≤n≤10000），表示天数。

【输出文件】

输出文件 eat.out。

一行，一个正整数，表示 n 天中吃胡萝卜所用的总时间。

【输入及输出样例】

输 入 样 例	输 出 样 例
18	264

2. 切　萝　卜

【问题描述】

"烟台苹果莱阳梨，不如潍坊萝卜皮"一日尼克收到好友寄来的 n 个青萝卜，他想把这 n 个青萝卜都切成萝卜片与同伴分享，具体切法是这样：先将能切成 8 厘米长萝卜片的萝卜全部切成 8 厘米长的萝卜片，再将剩余的能切成 4 厘米长萝卜片的萝卜全部切成 4 厘米长的萝卜片，最后将剩余的萝卜全部切成 1 厘米长的萝卜片，现在请你帮忙算一下最终能切成多少个 8 厘米、4 厘米、1 厘米的萝卜片。

【输入文件】

输入文件 cut.in。

共两行。

第一行，一个正整数 n（1≤n≤100），表示有 n 个青萝卜需要加工。

第二行，n 个正整数，表示以厘米为单位的所有萝卜的长度（1≤ 萝卜长度 ≤100），数与数之间以一个空格隔开。

【输出文件】

输出文件 cut.out。

共三行。

第一行，输出一个正整数，表示能切成 8 厘米长萝卜片的个数。

第二行，输出一个正整数，表示能切成 4 厘米长萝卜片的个数。

第三行，输出一个正整数，表示能切成 1 厘米长萝卜片的个数。

【输入及输出样例】

输 入 样 例	输 出 样 例
3 13 24 4	4 2 1

3. 种 萝 卜

【问题描述】

世界上最美好的东西，都是由能干的双手创造出来的，其实我们生来就是一群劳动者，而在草莓班这个小集体里，更有一群热爱劳动的小能手，这天他们在后山开垦出一块平整的菜地，在菜地上画出了一个 r 行 c 列的格子（行从上到下 1 到 r 编号，列从左到右 1 到 c 编号），然后在每个格子里播下一粒胡萝卜种子，几天后，有些格子中长出了胡萝卜苗，有些格子中没长出胡萝卜苗，如下图“#”代表胡萝卜苗。

#	#	#	#	
#		#		#
#	#	#	#	#
#			#	

请你统计一下长出胡萝卜苗格子的总个数，及长出胡萝卜苗最多行的行号及最少行的行号。

【输入文件】

输入文件 plant.in。

第一行，两个整数 r 和 c（1≤r，c≤200），分别表示行数和列数，数与数之间以一个空格分隔。

接下来 r 行，每行上有 c 个用空格分隔的 0 或 1，来描述每一行的格子中是否长出了胡萝卜，长出胡萝卜苗用整数 1 表示，未长出胡萝卜苗用整数 0 表示。

【输出文件】

输出文件 plant.out。

共三行。

第一行，一个整数，表示长出胡萝卜苗格子的总个数。

第二行，一个整数，表示长出胡萝卜苗格子的最多行的行号。

第三行，一个整数，表示最少行的行号。

如果最多行（或最少行）有多个时，输出最小的行号。

【输入及输出样例】

输 入 样 例	输 出 样 例
4 5 1 1 1 1 0 1 0 1 0 1 1 1 1 1 1 1 0 0 1 0	14 3 4

4. 拔　萝　卜

【问题描述】

一天下午，尼克和格莱尔进行了拔萝卜比赛，马尼把整个比赛情况都记录下来了，用 N 表示尼克获得一分，G 表示格莱尔获得一分，# 表示比赛结束，如 NNNGGNNNNNNNNN#，他们采用 11 分制（到 10 平后需要胜出 2 分后才算胜），此时比赛结果是尼克得 11 分，格莱尔得 2 分。

【输入文件】

输入文件 score.in。

输入含若干行仅含大写字母 N、G 和符号 # 的字符串，每行的字符个数不超过 30，其中 # 出现在最后一行字符串的最后一个位置，表示比赛结束。

【输出文件】

输出文件 score.out。

共若干行，按输入顺序输出每一局比赛的比分，先输出尼克的得分，再输出格莱尔的得分，两个得分之间用英文半角冒号分隔，每行一局。

【输入及输出样例】

输 入 样 例	输 出 样 例
NNNGGNNNNNNNNGGGGG#	11:2 0:5

模拟卷④

（请选手务必仔细阅读本页内容。）

一、题目概况

中文题目名称	纸的张数	修改错误	整理名册	数字游戏
英文题目名称	paper	modify	list	games
可执行文件名	paper	modify	list	games
输入文件名	paper.in	modify.in	list.in	games.in
输出文件名	paper.out	modify.out	list.out	games.out
测试点时限	1 秒	1 秒	1 秒	1 秒
测试点数目	10	10	10	10
测试点分值	10	10	10	10
比较方式	全文比较	全文比较	全文比较	全文比较
运行内存上限	256MB	256MB	256MB	256MB

二、注意事项

1. 文件名（程序名和输入输出文件名）必须使用英文小写。

2. 若选手编号为 ZJ-00001，题目名称分别为 paper、modify、list、games，则文件目录如图 3.4 所示：每个文件夹中放对应的程序，如 paper 文件夹中放 paper.cpp。

3. C/C++ 中函数 main() 的返回值类型必须是 int，程序正常结束时的返回值必须是 0。

此电脑 › D: (D:) › ZJ-00001
名称
paper
modify
list
games

图 3.4

4. 使用文件输入输出方式。

例如，题目文件输入为 paper.in，输出为 paper.out

需要包含头文件：#include <cstdio>。

文件重定向语句一般加在 int main() 函数的开始：

```
int main()
{
    freopen("paper.in", "r", stdin);
    freopen("paper.out", "w", stdout);
    // 其他程序代码
    fclose(stdin);
    fclose(stdout);
    return 0;
}
```

1. 纸 的 张 数

【问题描述】

尼克非常爱学习，每天都要看几页《兔子学编程》这本书，此书的第 1 页和第 2 页在同一张纸上，第 2 页和第 3 页不在同一张纸上。这天，尼克从书的第 x 页看到了第 y 页，请问这几页书共有几张纸。

【输入文件】

输入文件 paper.in。

一行，两个正整数 x 和 y（$1 \leq x, y \leq 10^5$），分别表示开始页码和结束页码，数与数之间以一个空格隔开。

【输出文件】

输出文件 paper.out。

一行，一个整数，表示纸的张数。

【输入及输出样例】

输 入 样 例	输 出 样 例
1　5	3

2. 修 改 错 误

【问题描述】

刚刚学习使用计算机的小朋友，打字时经常会犯一些错误。如把大写字母 O 输入成了数字 0；把大写字母 I 输入成了数字 1；把大写字母 Z 输入成了数字 2。

现在知道一串正确的字符只含大写字母，并知道可能出现的错误只有以上 3 种，请你把错误的字符串修改成正确的字符串，并输出。

【输入文件】

输入文件 modify.in。

一行，包含一个有错误的、含空格的字符串，其字符串的长度不超过 200。

【输出文件】

输出文件 modify.out。

一行，一个修改正确的字符串。

【输入及输出样例】

输 入 样 例	输 出 样 例
1N THE 200	IN THE ZOO

3. 整 理 名 册

【问题描述】

狐狸老师想整理一张学生名册，男生排在前面，女生排在后面，男生、女生都按音序排。输入学生的姓名、性别，请你编写程序按狐狸老师的要求整理学生名册并输出。

【输入文件】

输入文件 list.in。

共 n+1 行

第一行，输入一个整数 n（1≤n≤1000），表示学生的人数。

接下来 n 行，每一行包含一个英文姓名（长度不超过 20 个字符）和性别（1 表示男孩，0 表示女孩），数与数之间以一个空格隔开。

【输出文件】

输出文件 list.out。

共 n 行，每行一个姓名，输出按狐狸老师的要求整理后的学生名册。

【输入及输出样例】

输 入 样 例	输 出 样 例
4 nike 1 glaier 0 mani 1 boli 0	mani nike boli glaier

4. 数 字 游 戏

【问题描述】

格莱尔非常喜欢“简化版计算 24”的数字游戏，其游戏规则是：对 4 个 1~9 的自然数，进行加、减、乘三种运算，要求运算结果等于 24，乘法的优先级高于加法和减法，并且算式中不可以用括号，不可以改变 4 个数字出现的顺序。

如给出的 4 个数（可以相同，也可以互不相同）是 6、6、6、6，则有两种可能的解答方案：6+6+6+6=24，6×6−6−6=24，输出内容：2。

如给出的 4 个数是 2、3、6、7，则没有解答方案，输出内容：0。

【输入文件】

输入文件 games.in。

一行，包含 4 个整数（1≤ 整数 ≤9），数与数之间以一个空格隔开。

【输出文件】

输出文件 games.out。

一行，一个整数，表示可解答的方案总数。

【输入及输出样例】

输 入 样 例	输 出 样 例
6 6 6 6	2

参 考 答 案

第 1 单 元

第 1 课

```
#include <bits/stdc++.h>
using namespace std;
int main()
{
    int h, m;
    scanf("%d:%d", &h, &m);
    if(h < 19 || (h == 19 && m < 30))
        printf("Green\n");
    else if(h <20 || (h == 20 && m < = 30))
        printf("Yellow\n");
    else
        printf("Red\n");
    return 0;
}
```

第 2 课

a[0][0] 0	a[0][1] 0	a[0][2] 0	a[0][3] 0	a[0][4] 0	a[0][5] 0	a[0][6] 0
a[1][0] 0	a[1][1] 6	a[1][2] 18	a[1][3] 7	a[1][4] 10	a[1][5] 5	a[1][6] 9
a[2][0] 0	a[2][1] 13	a[2][2] 2	a[2][3] 16	a[2][4] 17	a[2][5] 14	a[2][6] 8
a[3][0] 0	a[3][1] 3	a[3][2] 15	a[3][3] 12	a[3][4] 1	a[3][5] 4	a[3][6] 11

```
0, 3, 15, 12, 1, 4, 11
```

```
for(i = 1; i <= 3; i++)
{
    for(j = 1; j <= 6; j++)
        printf("%6d", a[i][j]);          //场宽为6
    printf("\n");                        //换行
}
```

第3课

```
#include <bits/stdc++.h>
using namespace std;
int a[20][20];
main()
{
    int i, j, n;
    scanf("%d", &n);
    for(i = 0; i < n; i++)
        a[i][0] = 1;                     //第0列全置为1
    for(i = 1; i < n; i++)
        for(j = 1; j <= i; j++)
            a[i][j] = a[i - 1][j - 1] + a[i - 1][j];
    for(i = 0; i < n; i++)
    {
        for(j = 0; j <= i; j++)
            printf("%5d", a[i][j]);
        printf("\n");
    }
    return 0;
}
```

第4课

```
#include <bits/stdc++.h>
using namespace std;
struct point
{
```

```
    int x, y;
};
int main()
{
    point a[40];
    int i, n;
    scanf("%d", &n);
    for(i = 1; i <= n; i++)
        scanf("%d,%d", &a[i].x, &a[i].y);
    int r = 1;
    for(i = 2; i <= n; i++)
        if(a[i].x > a[r].x)
            r = i;
    printf("%d,%d\n", a[r].x, a[r].y);
    return 0;
}
```

第5课

```
#include <bits/stdc++.h>
using namespace std;
int a[60];
int main()
{
    int i, n;
    scanf("%d", &n);
    for(i = 0; i < n; i++)
        scanf("%d", &a[i]);
    sort(a, a + n);
    for(i = n-1; i >= 0; i--)
        printf("%d ", a[i]);
    return 0;
}
```

第6课

```
#include <bits/stdc++.h>
```

```
using namespace std;
struct letter
{
    char name;
    int num;
};
bool cmp(letter a, letter b)
{
    if(a.num != b.num)
        return a.num > b.num;
    else
        return a.name < b.name;
}
int main()
{
    string a;
    int i;
    letter ch[30];
    for(i = 0; i < 26; i++)
    {
        ch[i].name = 'a' + i;
        ch[i].num = 0;
    }
    cin >> a;
    for(i = 0; i < a.size(); i++)
    {
        int n = a[i] - 'a';
        ch[n].num++;
    }
    sort(ch, ch + 26, cmp);
    for(i = 0; i < 26; i++)
        if(ch[i].num != 0)
            cout << ch[i].name <<":"<< ch[i].num << endl;
    return 0;
}
```

第7课

```
#include <bits/stdc++.h>
using namespace std;
int main()
{
    string str;
    int num = 0, ch = 0;
    getline(cin, str);
    for(int i = 0; i < str.size(); i++)
        if(isdigit(str[i]))
            num++;
        else if(isalpha(str[i]))
            ch++;
    cout << num << ' ' << ch << endl;
    return 0;
}
```

第8课

```
#include <bits/stdc++.h>
using namespace std;
char a1[210], b1[210];
int a[210], b[210];
int main()
{
    int lena, lenb, lenc, i, j, ans = 0;
    scanf("%s %s", a1, b1);          //数组名 a1 等同于 &a1
    lena = strlen(a1);
    lenb = strlen(b1);
    for(i = 0; i < lena; i++)
        a[lena - 1 - i] = a1[i] - '0';
    for(i = 0; i < lenb; i++)
        b[lenb - 1 - i] = b1[i] - '0';
    lenc = max(lena, lenb);
    int x = 0;
    for(i = 0; i < lenc; i++)
    {
```

```
        x = (a[i] + b[i] + x) / 10;
        if(x >= 1)
            ans++;
    }
    printf("%d\n", ans);
    return  0;
}
```

第 9 课

```
#include <bits/stdc++.h>
using namespace std;
int main()
{
    freopen("time.in", "r", stdin);
    freopen("time.out", "w", stdout);
    int x, h, m, s;
    scanf("%d", &x);
    h = x / 3600;
    x = x % 3600;
    m = x / 60;
    s = x % 60;
    printf("%02d:%02d:%02d\n", h, m, s);
    fclose(stdin);
    fclose(stdout);
    return 0;
}
```

第 10 课

```
#include <bits/stdc++.h>
using namespace std;
int a[110][110], b[110][110];
int main()
{
    int r, c, i, j, ans = 0;
    scanf("%d%d", &r, &c);
    for(i = 0; i < r; i++)
```

```
        for(j = 0; j < c; j++)
            scanf("%d", &a[i][j]);
    for(i = 0; i < r; i++)
        for(j = 0; j < c; j++)
            scanf("%d", &b[i][j]);
    for(i = 0; i < r; i++)
        for(j = 0; j < c; j++)
            if(a[i][j] == b[i][j])
                ans++;
    printf("%d\n", ans);
    return 0;
}
```

第 11 课

```
#include <bits/stdc++.h>
using namespace std;
int a[100010];
int main()
{
    int n, k, sum = 0, maxsum = 0;
    scanf("%d", &n);
    for(int i = 0; i < n; i++)
        scanf("%d", &a[i]);
    scanf("%d", &k);
    sum = a[0];
    maxsum = max(sum, maxsum);
    for(int i = 1; i < n; i++)
    {
        if(sum - k < 0)
            break;
        sum = sum - k + a[i];
        maxsum = max(sum, maxsum);
    }
    printf("%d\n", maxsum);
    return 0;
}
```

第 12 课

```
#include <bits/stdc++.h>
using namespace std;
int a[100010], sum[100010];
int main()
{
    int n, m;
    scanf("%d%d", &n, &m);
    for(int i = 1; i <= n; i++)
    {
        cin >> a[i];
        sum[i] = sum[i - 1] + a[i];
    }
    int maxsum = sum[1+m-1];
    for(int i = 2; i <= n - m+1; i++)
    {
        maxsum = max(maxsum, sum[i + m-1] - sum[i-1]);
    }
    printf("%d\n", maxsum);
    return 0;
}
```

第 13 课

```
#include <bits/stdc++.h>
using namespace std;
int a[1000010];
int main()
{
    int i, n, k;
    scanf("%d%d", &n, &k);
    for(i = 0; i < n; i++)
        scanf("%d", &a[i]);
    sort(a, a + n);
    int ans = 0;
    int L = 0;
    int R = n - 1;
```

```
    while(L < R)
    {
        if(a[L] + a[R] == k)
        {
            ans++;
            L++;
            R--;
        }
        else if(a[L] + a[R] < k)
            L++;
        else
            R--;
    }
    printf("%d\n", ans);
    return 0;
}
```

第 2 单元

第 1 天

```
#include <bits/stdc++.h>
using namespace std;
int main()
{
    string name="DGZYXRHB";
    //char name[8] = { 'D', 'G', 'Z', 'Y' , 'X', 'R', 'H', 'B'};
    int n;
    scanf("%d", &n);
    n = n % 8;
    if(n < 0)
        n = n + 8;
    printf("%c\n", name[n]);
    return 0;
}
```

第 2 天

```
#include <bits/stdc++.h>
using namespace std;
int a[13] = {0, 31, 28, 31, 30, 31, 30, 31, 31, 30, 31, 30, 31};
int main()
{
    int year, month, day, sum = 0;
    scanf("%d.%d.%d", &year, &month, &day);
    if((year % 4 == 0 && year % 100 != 0) || year % 400 == 0)
        a[2] = 29;
    for(int i = 1; i <= month - 1; i++)
        sum = sum + a[i];
    sum = sum + day;
    printf("%d\n", sum);
    return  0;
}
```

第 3 天

```
#include <bits/stdc++.h>
using namespace std;
int main()
{
    int x, y, k, cnt = 0;
    scanf("%d%d%d", &x, &y, &k);
    cnt = min(x / 3, y / 2);
    int k2 = (x - cnt * 3) + (y - cnt * 2);
    if (k2<k)
        cnt = cnt - ceil((k - k2) / 5.0);
    printf("%d\n", cnt) ;
    return 0;
}
```

第 4 天

```
#include <bits/stdc++.h>
using namespace std;
int main()
```

```
{
    int n, k, x;
    scanf("%d", &n);
    for(int i = 1; i <= n; i++)
    {
        int f = 1;
        scanf("%d", &k);
        for(int j = 1; j <= k; j++)
        {
            scanf("%d", &x);
            if(x == 0)
            {
                f = 0;
            }
        }
        if(f == 0)
            printf("Unqualified\n");
        else
            printf("Qualified\n");
    }
    return 0;
}
```

第5天

```
#include <bits/stdc++.h>
using namespace std;
int bj[110], sh[110], tj[110];
int main()
{
    int cntbj, cntsh, cnttj, n, x;
    cntbj = cntsh = cnttj = 0;
    scanf("%d", &n);
    for(int i = 1; i <= n; i++)
    {
        scanf("%d", &x);
        if(x / 10000 == 10)
```

```
        {
            cntbj++;
            bj[cntbj] = x;
        }
        else if(x / 10000 == 20)
        {
            cntsh++;
            sh[cntsh] = x;
        }
        else if(x / 10000 == 30)
        {
            cnttj++;
            tj[cnttj] = x;
        }
    }
    printf("Beijing\n");
    for(int i = 1; i <= cntbj; i++)
        printf("%d", bj[i]);
    printf("\nShanghai\n");
    for(int i = 1; i <= cntsh; i++)
        printf("%d", sh[i]);
    printf("\nTianjin\n");
    for(int i = 1; i <= cnttj; i++)
        printf("%d", tj[i]);
    printf("\n");
    return 0;
}
```

第 6 天

```
#include <bits/stdc++.h>
using namespace std;
int cnt[110];
int main()
{
    int n, m, x, i, j;
    scanf("%d", &n);
```

```
    for(i = 1; i <= n; i++)
    {
        cin >> x;
        cnt[x]++;
    }
    scanf("%d", &m);
    int ans = 0;
    for(i = 100; i > m; i--)
        ans = ans + cnt[i];
    ans++;
    printf("%d\n", ans);
    return 0;
}
```

第 7 天

```
#include <bits/stdc++.h>
using namespace std;
int a[510], num[510];
int main()
{
    int i, n;
    scanf("%d", &n);
    for(i = 1; i <= n; i++)
        scanf("%d", &a[i]);
    sort(a + 1, a + n + 1);
    int sum = 0;
    num[1] = 0;
    for(i = 2; i <= n; i++)
    {
        num[i] = num[i - 1] + a[i - 1];
        sum = sum + num[i];
    }
    printf("%d\n", sum);
    return 0;
}
```

第 8 天

```
#include <bits/stdc++.h>
using namespace std;
int a[100010];
int main()
{
    int x, n, sum = 0;
    scanf("%d%d", &x, &n);
    for(int i = 1; i <= n; i++)
        scanf("%d", &a[i]);
    a[0] = x;
    for(int i = 1; i <= n; i++)
        sum = sum + abs(a[i] - a[i - 1]);
    printf("%d\n", sum);
    return 0;
}
```

第 9 天

```
#include <bits/stdc++.h>
using namespace std;
int main()
{
    int flag;
    int  n, x, i, day = 0, num = 0, sum = 0;
    scanf("%d", &n);
    for(i = 1; i <= n; i++)
    {
        num = 0;
        scanf("%d%d", &flag, &x);
        if(flag == 1)
        {
            day++;
            if(x >= 3)
                num = 8 + (x - 3) / 2;
            if(num > 20)
                num = 20;
```

```
            if(day >= 4)
                num = num * 2;
            sum = sum + num;
        }
        else
            day = 0;
    }
    printf("%d\n", sum);
    return 0;
}
```

第 10 天

```
#include <bits/stdc++.h>
using namespace std;
char a[210];
int main()
{
    int maxcnt = 0, cnt = 1;
    scanf("%s", a);
    for(int i = 1; i < strlen(a); i++)
    {
        if(a[i] > a[i - 1])
            cnt++;
        else
            cnt = 1;
        maxcnt = max(maxcnt, cnt);
    }
    printf("%d\n", maxcnt);
    return 0;
}
```

第 11 天

```
#include <bits/stdc++.h>
using namespace std;
int a[2010];
long long b[2010];
```

```
int main()
{
    int n, k, cnt = 0;
    scanf("%d%d", &n, &k);
    for(int i = 1; i <= n; i++)
        scanf("%d", &a[i]);
    for(int i = 1; i <= n - k + 1; i++)
    {
        long long num = 0;
        if(a[i] == 0)
            continue;
        for(int j = i; j <= k + i - 1; j++)
        {
            num = num * 10 + a[j];
        }
        b[cnt] = num;
        cnt++;
    }
    sort(b, b + cnt);
    for(int i = 0; i < cnt; i++)
    {
        if(i < cnt - 1)
            printf("%lld,", b[i]);
        else
            printf("%lld\n", b[i]);
    }
    return 0;
}
```

第 12 天

```
#include <bits/stdc++.h>
using namespace std;
int main()
{
    long long m, n, num = 10;
    char f;
```

```
    scanf("%lld%c%lld", &m, &f, &n);
    while(n / num > 0)
    {
        long long ans;
        ans = (n % num) * (n / num);
        if(ans == m)
        {
            printf("%lld=%lld*%lld", m, n / num, n % num);
            return 0;
        }
        num = num * 10;
    }
    printf("Impossible\n");
    return 0;
}
```

第 13 天

```
#include <bits/stdc++.h>
using namespace std;
int a[60][60];
int main()
{
    int n, r, c, i, j;
    scanf("%d", &n);
    for(i = 1; i <= n * 2 + 1; i++)
    {
        for(j = 1; j <= n * 2 + 1; j++)
        {
            if(j + i == 1 + n * 2 + 1)
                a[i][j] = 1;
            if(j == i)
                a[i][j] = 1;
        }
    }
    for(i = 1; i <= n; i++)
    {
```

```
        scanf("%d%d", &r, &c);
        a[r][c] = 7;
    }
    for(i = 1; i <= n * 2 + 1; i++)
    {
        for(j = 1; j <= n * 2 + 1; j++)
        {
            if(a[i][j] == 7)
                printf("7");
            else if(a[i][j] == 1)
                printf("*");
            else
                printf(" ");            // 一个空格
        }
        printf("\n");
    }
    return 0;
}
```

第 14 天

```
#include <bits/stdc++.h>
using namespace std;
char s[210];
char dir[4] = {'E', 'S', 'W', 'N'};
int main()
{
    int x = 0, y = 0;       // 初始坐标
    int fs = 0;             // 0 表示东，1 表示南，2 表示西，3 表示北
    scanf("%s", s);
    for(int i = 0; i < strlen(s); i++)
    {
        s[i] = toupper(s[i]);     // 如果是小写则转换为大写
        if(s[i] == '#')
            break;
        else if(s[i] == 'L')
            fs--;
```

```
        else if(s[i] == 'R')
            fs++;
        if(fs == -1)            // 当朝东时 fs 为 0，左转后 fs 减 1，则为 -1
            fs = 3;             // 朝北
        if(fs == 4)             // 当朝北时 fs 为 3，右转后 fs 加 1，则为 4
            fs = 0;             // 朝东
        switch(fs)
        {
            case 0: x++; break;   // 朝东方，前进一步
            case 1: y--; break;   // 朝南方，前进一步
            case 2: x--; break;   // 朝西方，前进一步
            case 3: y++; break;   // 朝北方，前进一步
        }
    }
    printf("(%d,%d)\n%c\n", x, y, dir[fs]);
    return 0;
}
```

第 15 天

```
#include <bits/stdc++.h>
using namespace std;
struct person
{
    string name;
    int num;
} a[2010];
int main()
{
    string x;
    int n, cnt = 0, maxcnt = 0;
    cin >> n;
    for(int i = 1; i <= 2 * n; i++)
    {
        cin >> x;
        int find = 0;                       // 此人是否已有通话记录
        for(int j = 1; j <= cnt; j++)
```

```
            if(x == a[j].name)
            {
                find = j;
                break;
            }
        if(find)                    // 此人已有通话记录
        {
            a[find].num++;
        }
        else                        // 此人无通话记录，此时是第 1 次
        {
            cnt++;
            find = cnt;
            a[cnt].num = 1;
            a[cnt].name = x;
        }
        maxcnt = max(maxcnt, a[find].num);
    }
    cout << maxcnt << endl;
    return 0;
}
```

第 16 天

```
#include <bits/stdc++.h>
using namespace std;
int main()
{
    int a, b, cnt2 = 0, cnt5 = 0;
    scanf("%d%d", &a, &b);
    for(int i = a; i <= b; i++)
    {
        int x = i;
        while(x % 2 == 0)
        {
            x = x / 2;
            cnt2++;
```

```
        }
        while(x % 5 == 0)
        {
            x = x / 5;
            cnt5++;
        }
    }
    printf("%d\n", min(cnt2, cnt5));
    return  0;
}
```

第 17 天

```
#include <bits/stdc++.h>
using namespace std;
int main()
{
    int n, m, ans = 1;
    long long k, maxsum = 0;
    scanf("%d%d", &n, &m);
    for(int i = 1; i <= n; i++)
    {
        long long sum = 0;
        for(int j = 1; j <= m; j++)
        {
            scanf("%lld", &k);
            if(k % 6 == 0)
                sum = sum + k;
        }
        if(sum > maxsum)
        {
            maxsum = sum;
            ans = i;
        }
    }
    printf("%d\n", ans);
    return  0;
}
```

第 18 天

```
#include <bits/stdc++.h>
int fun(char str[])
{
    int n = 0, i;
    for(i = 0; i < 8; i++)
    {
        if(str[i] == '1')
            n = n * 2 + 1;
        else
            n = n * 2;
    }
    return n;
}
int main()
{
    char ip[33];
    scanf("%s", ip);          //数组名代表数组的首地址
    printf("%d.%d.%d.%d", fun(ip), fun(ip+8), fun(ip+16), fun(ip+24));
    return 0;
}
```

第 19 天

```
#include <bits/stdc++.h>
using namespace std;
int a[110][110];
int cntr[110], cntc[110];
int main()
{
    int r, c, n, i, j;
    scanf("%d%d%d", &r, &c, &n);
    for(i = 1; i <= n; i++)
    {
        int x, y;
        scanf("%d%d", &x, &y);
        a[x][y] = 1;
```

```
        cntr[x]++;
        cntc[y]++;
    }
    int maxr = 1;
    for(i = 2; i <= r; i++)
    {
        if(cntr[i] > cntr[maxr])
            maxr = i;
    }
    int maxc = 1;
    for(j = 2; j <= c; j++)
    {
        if(cntc[j] > cntc[maxc])
            maxc = j;
    }
    cout << cntr[maxr] + cntc[maxc] - a[maxr][maxc] << endl;
    cout << maxr << "," << maxc << endl;
    return 0;
}
```

第 20 天

```
#include <bits/stdc++.h>
using namespace std;
int a[10010], b[10010];
int main()
{
    int x, y, sum = 0;
    cin >> x >> y;
    if(x > y)
    {
        cout << "-1" << endl;
        return  0;
    }
    for(int i = 0; i < x; i++)
        cin >> a[i];
    for(int i = 0; i < y; i++)
```

```
        cin >> b[i];
    sort(a, a + x);
    sort(b, b + y);
    int i = 0;
    int j = 0;
    while(i < x && j < y)
    {
        if(b[j] >= a[i])
        {
            sum = sum + b[j];
            i++;
        }
        j++;
    }
    if(i < x)
        cout << "-1";
    else
        cout << sum << endl;
    return 0;
}
```

第 21 天

```
#include <bits/stdc++.h>
using namespace std;
int a[1010];
int n;
bool check(int x)
{
    int i, total = 0;
    for(i = 1; i <= n; i++)
    {
        total = total + a[i];
        if(total > x)
            return false;
        if(total == x)
            total = 0;
```

```
    }
    return true;
}
int main()
{
    int i, sum = 0, maxn = 0;
    scanf("%d", &n);
    for(i = 1; i <= n; i++)
    {
        scanf("%d", &a[i]);
        sum = sum + a[i];
        maxn = max(maxn, a[i]);
    }
    for(i = maxn; i <= sum; i++)
        if(sum % i == 0)
            if (check(i))break;
    printf("%d\n", i);
    return 0;
}
```

第 3 单 元

模 拟 卷 一

1. 体育老师的数串

```
#include <bits/stdc++.h>
using namespace std;
int main()
{
    freopen("pattern.in", "r", stdin);
    freopen("pattern.out", "w", stdout);
    int n, r;
    scanf("%d", &n);
    r = n % 8;
```

```
    if(r == 0)
        printf("8\n");
    else if(r == 1)
        printf("%d\n", n / 8 + 1);
    else
        printf("%d\n", r);
    fclose(stdin);
    fclose(stdout);
    return 0;
}
```

2. 数学老师的钥匙

```
#include <bits/stdc++.h>
using namespace std;
int a[110][110];
int main()
{
    freopen("keys.in", "r", stdin);
    freopen("keys.out", "w", stdout);
    int n, i, j;
    scanf("%d", &n);
    int num = 1;
    for(i = 1; i <= n; i++)
    {
        if(i % 2 == 1)
        {
            for(j = 1; j <= n; j++, num++)
                a[i][j] = num;
        }
        else
        {
            for(j = n; j >= 1; j--, num++)
                a[i][j] = num;
        }
    }
    int sum = 0;
```

```
    for(i = 1; i <= n; i++)
        for(j = 1; j <= n; j++)
        {
            if(i == j)
                sum = sum + a[i][j];
            if(i + j == n + 1)
                sum = sum + a[i][j];
        }
    printf("%d\n", sum);
    fclose(stdin);
    fclose(stdout);
    return 0;
}
```

3. 英语老师的单词

```
#include <bits/stdc++.h>
using namespace std;
struct words
{
    int id;
    string text;
    int len;
} wrd[1010];
bool cmp(words a, words b)
{
    if(a.len != b.len)
        return a.len > b.len;
    else
        return a.id < b.id;
}
int main()
{
    freopen("words.in", "r", stdin);
    freopen("words.out", "w", stdout);
    int num = 0;
    string str;
```

```
    while(cin >> str)
    {
        wrd[num].id = num;
        wrd[num].text = str;
        wrd[num].len = str.size();
        num++;
    }
    sort(wrd, wrd + num, cmp);
    cout << num << endl;
    for(int i = 0; i < num; i++)
        cout << wrd[i].text << endl;
    fclose(stdin);
    fclose(stdout);
    return 0;
}
```

4. 信息老师的前缀和

```
#include <bits/stdc++.h>
using namespace std;
int ans[100010];
int fun(int x)
{
    int num = 0;
    while(x)
    {
        if(x % 10 == 1)
            num++;
        x /= 10;
    }
    return num;
}
int main()
{
    freopen("psum.in", "r", stdin);
    freopen("psum.out", "w", stdout);
```

```
    int n, a, b, i;
    ans[0] = 0;
    for(i = 1; i <= 100000; i++)
        ans[i] = ans[i - 1] + fun(i); //预处理
    scanf("%d", &n);
    for(i = 1; i <= n; i++)
    {
        scanf("%d%d", &a, &b);
        printf("%d\n", ans[b] - ans[a - 1]);
    }
    fclose(stdin);
    fclose(stdout);
    return 0;
}
```

模 拟 卷 二

1. 最标准的苹果

```
#include <bits/stdc++.h>
using namespace std;
int main()
{
    freopen("apples.in", "r", stdin);
    freopen("apples.out", "w", stdout);
    int k, n;
    scanf("%d", &k);
    scanf("%d", &n);
    if(n >= k - 2 && n <= k + 2)
        printf("Yes\n");
    else
        printf("No\n");
    fclose(stdin);
    fclose(stdout);
    return 0;
}
```

2. 最少的票数

```
#include <bits/stdc++.h>
using namespace std;
int a[30];
int main()
{
    freopen("vote.in", "r", stdin);
    freopen("vote.out", "w", stdout);
    int sum = 0, n;
    scanf("%d", &n);
    for(int i = 1; i <= n; i++)
        scanf("%d", &a[i]);
    sort(a + 1, a + n + 1);
    for(int i = 1; i <= n / 2 + 1; i++)
    {
        sum = sum + a[i] / 2 + 1;
    }
    printf("%d\n", sum);
    fclose(stdin);
    fclose(stdout);
    return 0;
}
```

3. 最长的达标天数

```
#include <bits/stdc++.h>
using namespace std;
int main()
{
    freopen("day.in", "r", stdin);
    freopen("day.out", "w", stdout);
    int n, k, day = 0, maxday = 0;
    scanf("%d%d", &n, &k);
    for(int i = 1; i <= n; i++)
    {
        int x;
```

```
        scanf("%d", &x);
        if(x > k)
            day++;
        else
            day = 0;
        maxday = max(maxday, day);
    }
    printf("%d\n", maxday);
    fclose(stdin);
    fclose(stdout);
    return 0;
}
```

4. 最小的总高度

```
#include <bits/stdc++.h>
using namespace std;
int a[100010];
bool cmp(int a, int b)
{
    return a > b;
}
int main()
{
    freopen("high.in", "r", stdin);
    freopen("high.out", "w", stdout);
    int sum = 0, n, k;
    scanf("%d%d", &n, &k);
    for(int i = 1; i <= n; i++)
        scanf("%d", &a[i]);
    sort(a + 1, a + n + 1, cmp);
    for(int i = 1; i <= n; i = i + k)
        sum = sum + a[i];
    printf("%d\n", sum);
    fclose(stdin);
    fclose(stdout);
    return 0;
}
```

模 拟 卷 三

1. 吃萝卜

```
#include <bits/stdc++.h>
using namespace std;
int main()
{
    freopen("eat.in", "r", stdin);
    freopen("eat.out", "w", stdout);
    int n, sum = 0;
    scanf("%d", &n);
    sum = sum + n / 7 * 32;
    if(n % 7 <= 5)
        sum = sum + n % 7 * 6;
    else
        sum = sum + 32;
    sum = sum * 3;
    printf("%d\n", sum);
    fclose(stdin);
    fclose(stdout);
    return 0;
}
```

2. 切萝卜

```
#include <bits/stdc++.h>
using namespace std;
int main()
{
    freopen("cut.in", "r", stdin);
    freopen("cut.out", "w", stdout);
    int n, i;
    int x;
    int cnt8, cnt4, cnt1;
    cnt8 = cnt4 = cnt1 = 0;
    scanf("%d", &n);
    for(i = 1; i <= n; i++)
```

```
    {
        scanf("%d", &x);
        cnt8 = cnt8 + x / 8;
        cnt4 = cnt4 + (x % 8) / 4;
        cnt1 = cnt1 + (x % 8) % 4;
    }
    printf("%d\n", cnt8);
    printf("%d\n", cnt4);
    printf("%d\n", cnt1);
    fclose(stdin);
    fclose(stdout);
    return 0;
}
```

3. 种萝卜

```
#include <bits/stdc++.h>
using namespace std;
int main()
{
    freopen("plant.in", "r", stdin);
    freopen("plant.out", "w", stdout);
    int i, j, r, c;
    int maxr = 1, minr = 1, maxnum = 0, minnum = 210, sum = 0;
    scanf("%d%d", &r, &c);
    for(i = 1; i <= r; i++)
    {
        int num = 0;
        for(j = 1; j <= c; j++)
        {
            int x;
            scanf("%d", &x);
            if(x == 1)
                num++;
        }
        if(num > maxnum)
        {
```

```
            maxnum = num;
            maxr = i;
        }
        if(num < minnum)
        {
            minnum = num;
            minr = i;
        }
        sum = sum + num;
    }
    printf("%d\n", sum);
    printf("%d\n", maxr);
    printf("%d\n", minr);
    fclose(stdin);
    fclose(stdout);
    return 0;
}
```

4. 拔萝卜

```
#include <bits/stdc++.h>
using namespace std;
int main()
{
    freopen("score.in", "r", stdin);
    freopen("score.out", "w", stdout);
    char ch;
    int nike, glair;
    nike = glair = 0;
    while(1)
    {
        scanf("%c", &ch);
        if(ch == 'N')
            nike++;
        if(ch == 'G')
            glair++;
```

```
        if(ch == '#')
            break;
        if((nike >= 11 || glair >= 11) && abs(nike - glair) >= 2)
        {
            printf("%d:%d\n",nike,glair);
            nike = 0;
            glair = 0;
        }
    }
    if(nike > 0 || glair > 0)
        printf("%d:%d\n",nike,glair);
    fclose(stdin);
    fclose(stdout);
    return 0;
}
```

模拟卷四

1. 纸的张数

```
#include <bits/stdc++.h>
using namespace std;
int main()
{
    freopen("paper.in", "r", stdin);
    freopen("paper.out", "w", stdout);
    int x, y, ans = 0;
    scanf("%d%d", &x, &y);
    ans = ans + (y - x + 1) / 2;
    //仅当开始页是奇数且结束页为偶数时不用加页，其他情况都要加 1 页
    if(!(x % 2 == 1 && y % 2 == 0))
        ans++;
    printf("%d\n", ans);
    fclose(stdin);
    fclose(stdout);
    return 0;
}
```

2. 修改错误

```
#include <bits/stdc++.h>
using namespace std;
int main()
{
    freopen("modify.in", "r", stdin);
    freopen("modify.out", "w", stdout);
    string a;
    getline(cin, a);
    for(int i = 0; i < a.size(); i++)
    {
        switch(a[i])
        {
          case '0':
              a[i] = 'O';
              break;
          case '1':
              a[i] = 'I';
              break;
          case '2':
              a[i] = 'Z';
              break;
        }
    }
    cout << a << endl;
    fclose(stdin);
    fclose(stdout);
    return 0;
}
```

3. 整理名册

```
#include <bits/stdc++.h>
using namespace std;
struct stud
{
```

```
    string name;            //string方便比较
    int sex;
} stu[1100];
bool cmp(stud a, stud b)
{
    if(a.sex != b.sex)
        return a.sex > b.sex;
    else
        return a.name < b.name;
}
int main()
{
    freopen("list.in", "r", stdin);
    freopen("list.out", "w", stdout);
    int n, i;
    cin >> n;
    for(i = 0; i < n; i++)
        cin >> stu[i].name >> stu[i].sex;
    sort(stu, stu + n, cmp);
    for(i = 0; i < n; i++)
        cout << stu[i].name << endl;
    fclose(stdin);
    fclose(stdout);
    return 0;
}
```

4. 数字游戏

```
#include <bits/stdc++.h>
using namespace std;
int a[10], num[10], ans = 0;
void cnt24(int i)
{
    if(i >= 4)
    {
        if(num[0] + num[1] + num[2] + num[3] == 24)
            ans++;
```

```
        return ;
    }
    num[i] = a[i];                  //加
    cnt24(i + 1);
    num[i] = -a[i];                 //减
    cnt24(i + 1);
    num[i] = num[i - 1] * a[i];  //乘
    num[i - 1] = 0;
    cnt24(i + 1);
}
int main()
{
    freopen("games.in", "r", stdin);
    freopen("games.out", "w", stdout);
    int i;
    for(i = 0; i <= 3; i++)
        scanf("%d", &a[i]);
    num[0] = a[0];
    cnt24(1);
    printf("%d\n", ans);
    fclose(stdin);
    fclose(stdout);
    return 0;
}
```

附录　奖励积分卡

——童币

使用说明：给教师使用，建议用彩纸打印，奖励优秀学员，可以换购。

2
《小学生C++趣味编程训练营》
童币
$(010)_2$元
风之巅银行
2
《小学生C++趣味编程训练营》
童币
$(010)_2$元
风之巅银行
2
《小学生C++趣味编程训练营》
童币
$(010)_2$元
风之巅银行
2
《小学生C++趣味编程训练营》
童币
$(010)_2$元
风之巅银行
2
《小学生C++趣味编程训练营》
童币
$(010)_2$元
风之巅银行
2
《小学生C++趣味编程训练营》
童币
$(010)_2$元
风之巅银行
4
《小学生C++趣味编程训练营》
童币
$(100)_2$元
风之巅银行
4
《小学生C++趣味编程训练营》
童币
$(100)_2$元
风之巅银行
4
《小学生C++趣味编程训练营》
童币
$(100)_2$元
风之巅银行
4
《小学生C++趣味编程训练营》
童币
$(100)_2$元
风之巅银行
4
《小学生C++趣味编程训练营》
童币
$(100)_2$元
风之巅银行
4
《小学生C++趣味编程训练营》
童币
$(100)_2$元
风之巅银行
8
《小学生C++趣味编程训练营》
童币
$(1000)_2$元
风之巅银行
8
《小学生C++趣味编程训练营》
童币
$(1000)_2$元
风之巅银行
8
《小学生C++趣味编程训练营》
童币
$(1000)_2$元
风之巅银行
8
《小学生C++趣味编程训练营》
童币
$(1000)_2$元
风之巅银行
8
《小学生C++趣味编程训练营》
童币
$(1000)_2$元
风之巅银行
8
《小学生C++趣味编程训练营》
童币
$(1000)_2$元
风之巅银行
童币
14
《小学生C++趣味编程训练营》
风之巅银行
$(1110)_2$元
童币
14
《小学生C++趣味编程训练营》
风之巅银行
$(1110)_2$元
童币
14
《小学生C++趣味编程训练营》
风之巅银行
$(1110)_2$元
童币
14
《小学生C++趣味编程训练营》
风之巅银行
$(1110)_2$元
童币
14
《小学生C++趣味编程训练营》
风之巅银行
$(1110)_2$元
童币
14
《小学生C++趣味编程训练营》
风之巅银行
$(1110)_2$元